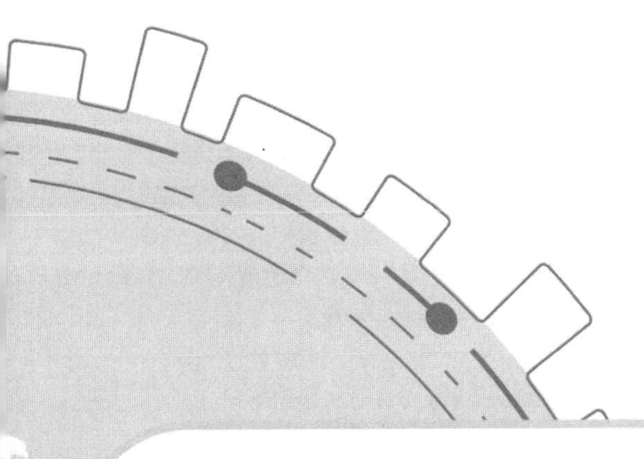

高端制造核心技术的瓶颈突破

李耀平　温浩宇　段宝岩　编著

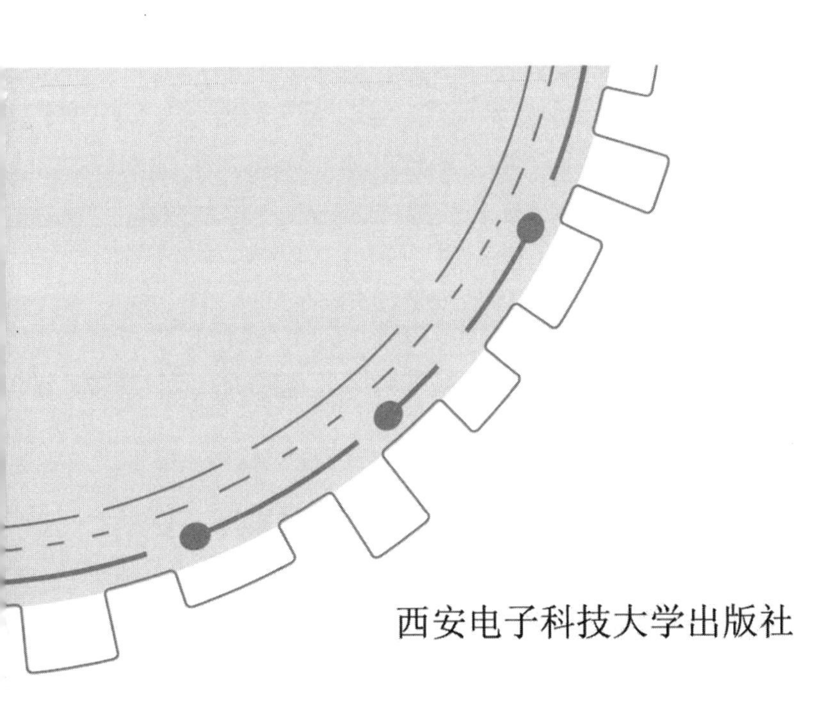

西安电子科技大学出版社

内 容 简 介

本书基于国家重大需求，紧跟国际科技前沿的发展趋势，聚焦我国制造业高质量、高水平发展的关键问题，以高端制造核心技术的瓶颈突破为主要研究内容进行编写。

本书采用理论分析与实证研究紧密结合的方法，首先明确了高端制造的概念，梳理了高端制造在国家安全、社会发展中的地位和作用，总结分析了美国、德国、日本等制造强国的高端制造发展历程及现状；继而详细分析了我国电子信息、机械工程、航空航天、医疗设备四个领域高端制造的发展现状、关键技术以及瓶颈问题，在此基础上提出了解决高端制造技术瓶颈问题突破的初步思考及政策建议。

图书在版编目(CIP)数据

高端制造核心技术的瓶颈突破 / 李耀平，温浩宇，段宝岩编著. --西安：西安电子科技大学出版社，2024.4
ISBN 978-7-5606-7101-7

Ⅰ. ①高… Ⅱ. ①李… ②温… ③段… Ⅲ. ①机械制造工艺—研究 Ⅳ. ①TH16

中国国家版本馆 CIP 数据核字(2024)第 013586 号

策　　划　高维岳
责任编辑　高维岳
出版发行　西安电子科技大学出版社(西安市太白南路 2 号)
电　　话　(029) 88202421　88201467　　邮　　编　710071
网　　址　www.xduph.com　　电子邮箱　xdupfxb001@163.com
经　　销　新华书店
印刷单位　陕西精工印务有限公司
版　　次　2024 年 4 月第 1 版　2024 年 4 月第 1 次印刷
开　　本　787 毫米×1092 毫米　1/16　印张 11
字　　数　113 千字
定　　价　58.00 元
ISBN　978-7-5606-7101-7 / TH
XDUP 7403001-1

如有印装问题可调换

前　言

制造业是国家实体经济的主体，高端制造是制造强国的命脉。随着全球新一轮科技与产业革命的到来，世界范围内先进制造业与制造技术的比拼、竞争愈发激烈，高端制造核心技术的自主掌控成为国家之间博弈的焦点。中美间贸易战与科技战引发的“卡脖子”问题，对我国工业制造从中低端迈向高端的新时代发展造成了直接影响，因而，加强我国高端制造核心技术瓶颈突破战略研究，具有重要的现实意义和深远的历史意义！

目前，我国高端制造的整体水平和实力仍落后于美国、德国等西方发达国家，在工业制造的厚重基础、科学探索的知识积累、科技创新的自主发展、产业升级的制造实践、人才培养的重要支撑等方面，均存在一定短板；在高端芯片、操作系统、知识型工业软件、高档数控机床、电子装备、航空发动机、高灵敏传感器、精密测试仪器，以及高性能轴承、齿轮、液气密件、光机电磁插拔件与连接件等关键基础件的先进设计制造上，仍存在依赖进口、受制于人的状况，亟待突破“卡脖子”难题。

从重点领域看，电子装备制造、机械制造、航空航天、医疗设备是我国先进制造“卡脖子”问题比较集中的典型领域，其制造基础薄弱，前期积淀不足，自主创新欠缺，整体发展滞后，这些问题对工业制造转型升级、并跑乃至领跑造成了严重影响，在设计、加工、测试等主要环节以及材料、装备、工艺等主要要素的创新链、产业链的布局、巩固、提升方面存在明显不足，亟须解决复杂系统设计、复合制造材料、高端制造装备、精密制造工艺、测试仪器设备等高端制造核心技术的创新发展问题。

为此，本书立足我国高端制造核心技术瓶颈突破，针对电子信息、机械工程、航空航天、医疗设备的制造问题，开展现状分析梳理、核心技术识别、技术路径发展的研究，探索在新型举国体制下，全力攻克高端制造核心技术的瓶颈制约的途径，提出相关思考和建议。

目 录

CONTENTS

第一章　高端制造的定义、地位与作用

劳动改变了人类社会，推动了历史发展，促进了文明进步，正如恩格斯所说的“劳动创造了人本身”，生产劳动对于人类社会的意义十分重大。制造是人类生产劳动的主要形式之一，制造所创造出的工具、装备、产品、生活资料和用品等，不仅极大地满足了人类的物质需求，也在改变世界、改造自然的进程中凸显着人类存在、发展的价值与意义。

全球工业制造的近现代发展经历了机械化、电气化、自动化、智能化的历史演进，为制造业的整体跃迁、变革提升提供了强大支撑，工业制造、科技创新已成为制造体系中最为活跃的驱动因素。在当前数字化、网络化、智能化的发展趋势下，高端制造已成为国家之间激烈竞争的焦点。

全球围绕高端制造创新链、产业链的战略布局以及对关键核心技术的掌控、突破，形成了新一轮科技产业竞争态势的核心问题。美国、德国、日本等制造强国在高端制造领域占据着中上游地位，在全球供应链格局中具备先发机遇、坚实基础和强劲优势。我国要大力推进实施制造强国战略、解决“卡脖子”瓶颈问题的制约，必须在高端制造上实现自主原始创新，掌握关键核心技术，实现高端制造的重大突破。

一、高端制造的概念

（一）制造

制造就是把原材料、零部件、元器件等经过设计、加工、制作、装配，变成工具、装备、产品及用品的全过程。原材料、零部件、制造装备、制造工艺、测试手段是制造的关键要素，设计、加工、控制、测试是制造的重要环节。

在制造的过程中，科学原理是起源，工程技术是关键，行业产业是支撑。科技创新为制造提供了基本原理的发现、技术发明的突破；行业产业的振兴为制造的发展提供了广阔的舞台和空间，也创造出极大的经济效益与良好的社会效益。人才是制造发展的核心，工业文化则是制造发展的土壤。

（二）高端制造

高端制造是一个相对概念，大体指在工业化发展高级阶段出现的，具有高科技含量和高产业附加值、居于产业链高端、带有辐射带动性、符合可持续发展需求的先进制造。

高端制造在不同历史阶段、不同国家和地区之间具有不同的含义、范围和特征。

例如，从现代工业文明的历史进程来看，15 世纪末到 16 世纪初，哥伦布航海发现新大陆、麦哲伦环球航行，得益于西班牙、葡萄牙强盛的造船技术和造船业，造船属于当时的高端制造；1765年，瓦特将冷凝器与气缸分离，改进了蒸汽机技术，使蒸汽机广泛应用于煤炭、冶金、运输行业，掀起了第一次工业革命的高潮，先进的蒸汽机制造是当时的高端制造，成就了英国的崛起；19世纪，发电机、内燃机技术的发明，在钢铁、石油化工、汽车、飞机制造领域掀起了第二次工业革命的高潮，德国、日本、美国等国的制造业蓬勃兴起；19世纪到20世纪，电话电报、无线电技术、计算机、集成电路、互联网等技术和产业的发明、发展，掀起了信息时代新高潮，通信、网络、导航装备、集成电路、雷达、天线、高性能计算机的制造占据高端地位，成为先进制造的引领者；21世纪，数字化、网络化、智能化制造的发展推动了工业4.0时代的变革，智能制造、人工智能、增材制造、量子科技兴起，高端制造面临着新一轮颠覆性技术革命和战略性新兴产业发展的挑战。

在我国，制造业经过长期发展，建立了门类齐全、专业完善的工业制造体系，在大型装备、道路桥梁、高速铁路、水电装备、卫星制造、家电制造等方面取得了令人瞩目的成就，居于世界先进行列，并不断在航空航天、深空探测、生物医药、量子科技、人工智能等前沿发展方向上努力探索，在低端制造的规模、质量、效益协同发展的同时，全面向高端制造领域迈进。当前，为努力实现关键核心技术的突破和高端装备制造业的振兴，需要重点解决“缺芯少魂”“气血不足”“关节不畅”的“卡脖子”瓶颈问题，需要弥补在高端芯片、知识型工业软件、核心元器件、关键基础件、精密制造装备与工艺、重大测试仪器等方面的短板，加快重点行业、战略性新兴产业的原创技术研发和先进制造发展，在高端制造领域打造具有中国自主特色的创新质量品牌，实现中国制造从中低端向高端的大步迈进。

我国制造业现行国家标准是 2017 年颁布的《国民经济行业分类》(GB/T 4754—2017)，此标准将制造业具体分为农副食品加工，食品制造，酒、饮料和精制茶制造、烟草制品，纺织服装、服饰，皮革、毛皮、羽毛及其制品和制鞋，木材加工和木、竹、藤、棕、草制品，家具制造，造纸和纸制品，印刷和记录媒介复制等 31 个大类，包含了比较全面的一般制造的生产需要和生活应用领域。

我国现阶段高端制造的领域是根据《中国制造 2025》确立的 10 大重点领域，主要包括新一代信息技术产业、高档数控机床和机器人、航空航天装备、海洋工程装备及高技术船舶、先进轨道交通装备、节能与新能源汽车、电力装备、农机装备、新材料、生物医药及高性能医疗器械；国家发展和改革委员会 2017 年发布的《战略性新兴产业重点产品和服务指导目录》划分的 8 大产业，主要包括新一代信息技术产业、高端装备制造产业、新材料产业、生物产业、新能源汽车产业、新能源产业、节能环保产业、数字创意产业。

据此，我国高端制造的重点主要聚焦在新一代信息技术、高端装备及数控机床、航空航天装备、生物医疗装备、新材料、新能源、数字经济等领域和方向，代表着中国制造从粗放型、技术含量较低、处于价值链中低端的层级向精细化、技术含量高、价值链中高端层级迈向的必然趋势。

《2020 中国制造强国发展指数报告》(由中国工程院战略咨询中心、机械科学研究总院集团有限公司、国家工业信息安全发展研究中心、南京航空航天大学联合发布)的研究结果显示，由“规模发展”“质量效益”“结构优化”“持续发展”4 项主要指标构建的指数体系能综合反映一国制造业的发展水平，在全球制造强国指数的 3 大阵列中，美国以 168.71 排在第一阵列，德国、日本分别以 125.65、117.16 排在第二阵列，中国、韩国、法国、英国分别以 110.84、73.95、70.07、63.03 排在第三阵列，其后则为印度、巴西等国。从报告中可以看出，中国制造大国的地位在“规模发展”上增加显著，但在其他 3 项主要评估指标上，与美国等制造强国的差距依然较大。中国在“一国制造业拥有世界知名品牌数”“制造业增加值率”“制造业全员劳动生产率”“基础产业增加值占全球比重”“制造业研发投入强度”等二级核心竞争力指标上，与美、德、日等国差距明显；我国实体经济与虚拟经济之间的发展不平衡、“脱实向虚”问题、价值链提升技术突破与创新能力不足、工业制造基础较弱等短板依旧突出，诸如高性能轴承、高档数控机床、仪器仪表、重大成形装备等基础材料、关键零部件、关键基础件方面的自主创新任重道远，要实现从制造大国向制造强国的历史性转变，任务依然艰巨。

另外，《中国制造业重点领域技术创新绿皮书——技术路线图(2019)》(由国家制造强国建设战略咨询委员会、中国工程院战略咨询中心发布)的研究成果显示，预计到 2025 年，我国在通信设备、先进轨道交通装备、输变电装备、纺织技术与装备、家用电器 5 个方向上将整体步入世界领先行列，在航天装备、新能源汽车、发电装备、建材等方向上将整体步入世界先进行列，而在集成电路及专用设备、操作系统与工业软件、智能制造核心信息设备、农业装备4个方向上与世界强国仍有一定差距。新一代信息技术产业、高档数控机床和机器人、航空航天装备、生物医药及高性能医疗器械等仍是先进制造优先发展的重点领域，在关键核心技术、关键装备制造、材料工艺突破、行业产业发展等诸多方面亟须加强自主创新，实现创新链与产业链协同发展的整体推进，推动中国制造从中低端向高端方向大步迈进。

(三) 本书高端制造的研究范围

本书围绕电子信息、机械制造、航空制造、医疗器械等领域具有高端制造“卡脖子”瓶颈制约的典型问题展开研究，对核心元器件、关键基础件、重大装备与工艺等制造上的关键技术，以及高端制造设计、制造、测试等过程中的核心技术进行调查研究、梳理分析，进而对比中外差距，针对推进现代化建设的国家治理体系和治理能力的重大主题，提出典型领域的关键技术突破的建议。

二、高端制造中的核心技术

(一) 技术

技术是人类改造事物、完成制造、实现创造的手段和方法的统称，是运用已有的知识、经验、工具来解决新问题的方法、技艺、诀窍等。技术往往通过发明而产生，其主要目的在于改变和重构，具有鲜明的实用性和实践性。

世界知识产权组织在 1977 年出版的《供发展中国家使用的许可证贸易手册》中将“技术”定义为：“技术是制造一种产品的系统知识、所采用的一种工艺或提供的一项服务。”这高度概括了技术的本质特征。

简言之，技术就是人类在科学探索、工程实践、生产生活过程中不可或缺的手段、方法和工具。技术的发明往往带来产业变革、工业革命，为制造创造了重要的前提条件，在生产力发展、生产关系演变中发挥着重要的支撑作用，是推动制造发展的突破点和落脚点。

(二) 核心技术

制造过程中需要各种各样的技术，包括设计技术、材料制备、装备制造、制造工艺、测试技术等。不同的技术因其处于不同的制造环节而发挥着不同的支撑作用，因而也有核心技术、主要技术以及一般技术之分。核心技术在制造过程中占据着不可复制、无法替代、至关重要的中心地位，是制造业的“命门”，也是产业链的核心。缺乏核心技术的制造，始终只能处于产业链、价值链的中低端，无法实现迈向高端、居于产业链上游掌控地位的自主可控目标，因而容易受制于人，从而约束、限制着高端自主制造的进一步发展。

例如，芯片制造中的高纯度硅片制备技术、光刻胶制造工艺、极紫外光刻机制造技术、电子封测技术等属于核心技术；高档数控机床的数控系统、精确运动控制技术，是区别于传统机床制造的核心技术；精密超精密制造中，大型曲面特种加工、复杂形面构件的制造等属于核心技术。此外，如石墨烯、碳纤维、稀土永磁等材料的制备技术，以及高端测试仪器设备、高端知识型工业软件设计工具等，在未来先进制造中作用巨大、地位重要，也是影响制造的核心技术。

同时，在我国工业制造长期以来比较薄弱的基础领域，仍存在着一些影响先进制造发展的技术。2014 年工业和信息化部发布的《关于加快推进工业强基的指导意见》就明确提出加快推进“工业强基”，即提升关键基础材料、核心基础零部件和元器件、先进基础工艺、产业技术基础(简称工业“四基”)发展水平，夯实工业基础；2016 年，中国工程院启动的“工业强基”工程，聚焦超大型构件(百吨级以上)、高铁先进轨道轴承、机器人关键部件、工程机械高压油泵、多路阀、马达、智能制造传感器、稀土磁性材料八大领域的制造技术。以上这些“工业强基”工程的关键技术，在一定意义上也属于我国先进制造自主发展的核心技术。

(三) 高端制造中的关键核心技术

在我国高端制造的重点领域、基础共性技术上，存在着关键核心技术“卡脖子”的问题，这是近些年中美贸易战、全球范围内先进制造激烈竞争引起的技术封锁、贸易壁垒等深层次矛盾的进一步加剧和扩大化，成为制约我国制造业从中低端迈向高端的瓶颈。

2018年4月19日至7月3日《科技日报》推出系列文章，报道制约我国工业发展的35项“卡脖子”技术，具体见表1.1。

表1.1 “卡脖子”技术清单

序号	技术名称	序号	技术名称	序号	技术名称
1	光刻机	13	核心工业软件	25	微球
2	芯片	14	ITO靶材	26	水下连接器
3	操作系统	15	核心算法	27	燃料电池关键材料
4	航空发动机短舱	16	航空钢材	28	高端焊接电源
5	触觉传感器	17	铣刀	29	锂电池隔膜
6	真空蒸镀机	18	高端轴承钢	30	医学影像设备元器件
7	手机射频器件	19	高压柱塞泵	31	超精密抛光工艺
8	iCLIP技术	20	航空设计软件	32	环氧树脂
9	重型燃气轮机	21	光刻胶	33	高强度不锈钢
10	激光雷达	22	高压共轨系统	34	数据库管理系统
11	适航标准	23	透射式电镜	35	扫描电镜
12	高端电容电阻	24	掘进机主轴承		

表1.1中，光刻机、芯片、操作系统、核心工业软件、核心算法、航空设计软件、医学影像设备元器件等成为报道较多的“卡脖子”技术。而一些单项技术，如高端轴承钢、微球、高端电容电阻等，是机械制造领域“工业强基”工程的重点内容，近年来取得了积极突破，为工业制造迈向中高端奠定了坚实基础。

近年来，关于“卡脖子”技术的讨论聚焦于电子信息、机械制造、航空制造、医疗器械等重点领域的关键核心技术方向的半导体加工设备及材料、EDA设计软件、超高精度机床、高端工业软件、工业机器人、精密仪器及测试装备、碳纤维、高端液气密元件、精密制造表面技术、高端光学装备等。另外，在国家战略性新兴产业、高端装备制造方面依然存在原始创新、自主创新不足的短板，我国高端制造中的关键核心技术受到美国实体清单的制约，这些问题都亟待实现重点突破。

三、高端制造的地位与作用

(一) 高端制造在制造强国中的重要地位

纵观世界制造强国的历史发展不难看出，掌握制造的关键核心技术，占据高端制造业的上游，就占据了战略发展的前沿地位，能够成为具有一流实力的制造强国。

美国、德国、日本是当今世界的制造强国，它们均已整体完成了工业化，进入后工业化的发展阶段，而高端制造始终是其紧抓不懈的重心和关键。

20 世纪 50 年代，制造业是美国的主要产业，其产值在全球的占比达 40%；20 世纪末，美国实行“去工业化”，发展服务业成为中心产业，制造业在全球的占比降至不足 20%；近 10 年来，美国出台“再工业化”政策和重振制造业的计划以应对金融危机的冲击，重新在信息技术产业、新材料、工业互联网、智能制造、生物医药等领域整合产业链，抢占价值链的高端，突出了“回归制造”的战略转移趋势，以保持其在全球竞争中的领先优势。

德国以制造质量为本，强大的工业基础、突出的制造装备，是其在工业化进程中积累的优势，制造业始终是国家产业结构中最主要的支柱产业。近年来，在德国“工业 4.0”战略的推动下，以智能制造、智能装备、数字产业、医疗设备、物流服务为主的新兴产业集群迅速兴起，智能化成为德国先进制造的重点发展方向，也成为全球高端制造的引领趋势。装备制造的数字化、智能化升级，构建 CPS 系统，建设智能工厂、智能车间，是德国参与全球高端制造竞争的重要切入点和主要支撑。

日本制造业具有鲜明的特点和独特的优势，在二战及之后的复苏经济、全球金融危机及之后的振兴经济等波折中，制造业发挥了重要作用。并且，日本制造在高附加值、多元路径、精益制造、关键零部件配套、机器人、制造服务等方面优势突出，近年来更是瞄准智能化、人工智能、机器人、新材料、新能源等方向，积极布局前沿制造领域，始终保持着精密制造的高端品质。

我国要从制造大国向制造强国转变，从产业链、价值链的中低端迈向高端，实现制造业转型升级、自主创新，就必须在高端制造上占据重要地位，必须解决关键核心技术原始创新的瓶颈问题，实现先进制造的高质量高水平发展，壮大实体经济的规模、质量、效益，这样才能真正成为全球产业链、创新链格局中不可替代的重要一极。

(二) 高端制造对于实体经济的重要作用

习近平总书记指出："实体经济是基础，各种制造业不能丢。"制造业是国民经济的命脉，高端制造是居于创新链、价值链高端的具有引领、辐射、带动作用的核心制造，是发展壮大实体经济的重要支撑，是将发展的主动权牢牢把握在自己手中的关键。

我国已成为世界制造大国，2019 年制造业增加值全球占比超过 28%，连续 10 年保持世界第一；美国、日本、德国制造业增加值全球占比分别为 17%、7%、5%。从国内情况看，我国制造业产值占国家 GDP 的比重约为 27%，是名副其实的制造大国。但是，体量大不代表整体制造水平居于高端地位，虽然我国近年来在重大装备、制造工艺、综合设计、重点集成上取得了长足进步，而先进制造的总体质量、水平、实力与世界制造强国相比仍有很大差距，高端制造对外依赖程度依然较高。例如，在关键基础材料上，工信部对全国 30 多家大型企业的调研结果显示，这些企业所需的 130 多种关键材料中，32%的关键材料在我国仍为空白，52%依赖进口；高端测试仪器、高档数控机床、知识型工业软件、航空发动机等高技术、高附加值的先进制造的短板问题依然存在；在全球高端制造的激烈竞争中，我国无论是关键核心技术、工业制造基础，还是资源利用效率、专利知识产权、高端人才支撑等，均需要得到快速突破和提升。

近年来，我国先后推进智能制造、战略性新兴产业、工业互联网、人工智能等先进制造战略、前沿技术与产业的发展，推动制造业从中低端水平向高端水平迈进。高端制造不仅成为突破“卡脖子”瓶颈制约的典型代表，更在制造业的整体发展中发挥着引领性、示范性、辐射性的重要作用，对纠正行业产业“脱实向虚”的偏颇、促进数字经济与实体制造紧密结合起到巨大的带动和推动作用，稳步促进现阶段我国工业制造 2.0、3.0、4.0 的转型与迭代，开辟优化产业结构、降低制造成本、提高劳动生产率和资源利用率、提升工业附加值、实现绿色发展的崭新路径，从而进一步强化、提升制造业在实体经济中的主干支撑作用。

(三) 高端制造引领未来发展的重大意义

高端制造是未来全球激烈竞争的核心领域，不仅孕育着新技术、新产业、新模式，而且在技术创新、产业变革、制造生态上发生重大转折，给生产力的发展带来重要机遇。同时，它将从更深层次推动社会生产关系的演进，成为社会发展和文明进步的起始点和驱动源，具有重大的时代意义。

从科技创新发展的角度看，先进制造在新材料、新能源、重大装备与制造技术、制造工艺与制造水平不断提升、变革的推动下，正朝着数字化、网络化、智能化迈进，极端制造、智能制造、太空制造、增材制造、仿生制造、生物制造等为高端制造赋予了更为丰富的内涵和更加广阔的前景。下一代信息网络技术、人工智能、工业互联网、量子科技等前沿颠覆性技术的兴起，使人类在深地深海、航空航天、生命物种、天体运行、星系演化、宇宙起源等方面的探索拓展能力不断增强，在技术推动和产业振兴的共同作用下，高端制造将成为赋能生产力发展的有力工具，进一步深化人类探索自然、改造自然的能力，并有望开辟科技革命、工业革命的新疆界。

从全球国家博弈的角度看，高端制造影响、引领着一个国家整体制造的实力和水平。在后工业化时代，世界范围内的先进制造的竞争，必将成为国家博弈的关键，只有占据了制造的高端价值链，才能把握激烈竞争中的主动权。目前，美国围绕先进制造业的发展需求，已经设立了 14 个制造业创新中心，中国也设立了 7 个国家制造业研究中心，德国、日本等制造强国纷纷布局新材料、智能制造、人工智能等前沿领域，先进制造的创新技术和产业发展已经成为全球主要国家抢占下一步发展先机的热点和焦点，有望重塑世界制造领域的格局与体系。

从社会文明进步的角度看，未来制造的变革与演进将会对人类社会生产关系、日常生活产生深远影响，从而改变现有方式，产生重大的历史转折。正如信息技术、智能制造、人工智能、量子技术对当前工业制造、生产生活所产生的影响一样，未来制造的发展将会在物质、能源、资源、信息等基本要素的制造、转化的变革中诞生具有颠覆意义的创新成果。人、机、物之间将构架起新的组合衔接关系，通过制造孕育诸多不可预料的新事物，继而深刻改变未来世界。

第二章　世界制造强国高端制造的发展概述

制造业是一个国家实体经济的主要支撑，是综合国力的展现，它见证大国的兴衰，其中又以高端制造最具“显示度”。没有强大的制造业，就不可能成就强大的现代化国家。

纵观当今世界制造强国，如美国、德国、日本等，他们在工业化发展的进程中使先进制造拥有了厚实的基础和强大的实力，引领了工业制造不同历史时期的时代潮流，占据着高端制造的发展先机。这些国家工业化的发展历程和高端制造的发展经验，为我国高端制造的技术突破、产业振兴及战略路径提供了很好的参考经验，具有十分重要的借鉴意义！

一、美国高端制造发展简况

（一）历史概况

美国是当今世界名列第一的制造强国，其工业化发展大约始于19世纪30年代，在南北战争之后实现了资本主义工业生产的大步迈进。美国实现工业化的时间虽晚于英国，却具有持续发展的竞争力。随着全球第二次工业革命的发展，到19世纪末，美国的工业生产总值超过了英国；到 20 世纪初，美国基本实现了电气化，科学技术蓬勃发展，创新动能得以发挥；从二战期间直到二战后，美国的原子能技术、航空航天科技、电子计算机技术、集成电路等突飞猛进地发展，引领了全球以信息科技、知识经济为代表的信息化浪潮，在第三次工业革命中独占鳌头，成为科技强国的典范。迄今为止，美国在先进制造方面仍然具有特色和优势。

早在南北战争前，美国的制造业弱于英国、法国和德国，其从事农业生产的人口比率较高，工业化程度低，是一个依赖欧洲进口的前工业经济体国家。南北战争后，凭借工业革命带来的资本主义迅猛发展和解放农奴的历史进步，美国采取开放的对外移民政策，吸引了大量的外来移民，积累了工业制造的劳动力基础，同时带来了先进的科学技术和发展资本。在全球第二次工业革命期间，美国不仅从英国引进了大量的人才和技术，也培育了自身的人才和技术，机械、铁路、蒸汽船等工业制造得到快速提升，教育、人才、技术、资金等因素又促进了制造业的繁荣振兴，它们成为制造强国的核心竞争力。凭借着技术转型的升级，美国制造业崛起，为美国加快制造强国的建设奠定了基础。最终，美国在 19 世纪后期超越英国，成为第二次工业革命的重要引领者。

第二次工业革命时期，美国不仅在技术、人才、资本等要素的推动下发展了门类齐全的工业体系，成为世界制造强国，而且通过建立科学的管理理论和制度，极大地提高了劳动生产率，加快了先进制造和工业规模化发展的进程。比如，“泰勒制”是一种科学管理理论体系，它的实施推进了专业化制造和规模化生产，显著提高了劳动者的劳动生产率；“福特制”则是从实践的角度出发，它的实施改进了机械化、标准化的流水线，实现了工业产品的大批量生产，进一步提高了工业制造的规模化生产效率，使美国制造业一度成为全球的领跑者，在 20 世纪五六十年代奠定了美国全球最大贸易顺差国的地位。

从 20 世纪七八十年代起，美国注重信息技术、金融、互联网及服务业的发展，在工业化步入后工业化时代的历史进程中，制造业外迁外包，经济产业结构发生较大改变，传统汽车、能源、钢铁等占比为 45%左右，而新兴技术产业、金融业和其他服务业占比为 50%左右，美国从全球最大的贸易顺差国变为最大的贸易逆差国并延续至今。到 2019 年，美国制造业从业人员占比仅为全部就业人员的 8.4%，制造业出现了严重的衰退。这种转变，直接促成了德国、日本制造业的相继崛起。而受自 2008 年全球金融危机以来世界经济形势发展的影响，以及美国对制造业衰退后的深刻反思，美国的再工业化成为国家战略的焦点和核心。

近 10 年来，美国再度出台一系列重振制造业的战略举措。2010 年，奥巴马政府提出《美国制造业促进法案》，以帮助制造业恢复竞争力；2011 年启动《先进制造伙伴计划(Advanced Manufacturing Partnership，AMP)》，投入资金超过 5 亿美元，旨在通过政府、高校和企业的合作重振美国先进制造业的雄风；2012 年，美国发布《先进制造业国家战略计划》，进一步从投资、劳动力和创新的角度提出先进制造业发展的战略目标；2018 年，美国国家科学技术委员会发布《先进制造业美国领导力战略》，力争确保美国在全球先进制造领域的领导地位；2022 年 10 月 7 日，美国白宫发布《先进制造业国家战略》，再次突出强调了为美国制造业注入新活力的重要性以及构建制造业供应链弹性的紧迫性。

与此同时，在全球第四次工业革命来临之际，美国将信息技术、智能技术、互联网技术与先进制造紧密融合，进一步提升工业制造的数字化、网络化、智能化水平。2014 年，AT&T、GE、Cisco、IBM、Intel 联合成立工业互联网联盟，旨在加强工业互联网的发展，促进先进制造的柔性、优化、灵活发展。2016 年，Google、Facebook、Amazon、IBM、Microsoft 联合成立人工智能联盟，提出了“人工智能造福人类和社会”的愿景，进一步推动了智能制造的新发展。

(二) 近况进展

近年来，美国为应对新一轮科技与产业革命的挑战，正瞄准新一代信息技术、量子科技、人工智能等颠覆性前沿技术及新型产业进行前瞻布局，从创新驱动、研发设计、生产制造及强化产业集群方面全面推动先进制造业的发展，重塑工业制造的战略格局。

从奥巴马出台重振制造业的系列举措力图促进国家经济实体回归先进制造的主体地位，到特朗普提出“让美国再次伟大”的政策口号试图掩盖制造业衰退的内部矛盾，美国不仅“大打制造业之牌”，掀起“再工业化”的激烈竞争，而且实施单边主义，发起“实体清单”等事件，不断挑起贸易争端，致使全球产业链、创新链发展受到了严重影响，但这也愈发显示出高端制造在国家综合国力中的重要地位和作用。

长期以来，美国强大的工业制造体系和先进的制造技术为高端制造奠定了坚实基础，形成了富有原创能力的研发力量、发达的先进制造业集群以及大量的制造企业，使美国的先进制造始终保持着世界一流的质量和水平。例如，著名的“硅谷”模式催生了斯坦福大学与当地企业紧密融合的产学研发展，波士顿128公路高科技产业集群荟萃了麻省理工学院等高校资源，北卡罗来纳金三角聚集了杜克大学、北卡罗来纳州立大学及北卡大学教堂山分校等并形成大学创新体系的典范。大学的研究与企业的需求紧密对接、相互融合，从全美的总体发展上看，形成了硅谷高科技产业集群、休斯敦石油化工产业集群、底特律汽车产业集群、波士顿生物产业集群以及亚利桑那航空航天集群、纳米科技集群等世界一流的制造业集群，使美国的高端制造从传统优势的钢铁、汽车、石化等领域向信息技术、生物医药、航空航天、新材料、机器人、装备制造等新型和重大基础领域全面辐射，从而长期占据着全球高端制造的领先地位。

强大的研发能力是美国先进制造保持持久竞争力的坚强后盾，而技术创新则是大学和企业共同关注的核心。从早期的IBM到思科、苹果，计算机技术、网络技术、路由器产品、交换机装备的不断更新与换代是技术创新研发的最直接成果；又如贝尔实验室、仙童半导体公司、AMD等，则不断地将实验室研究成果及时转化成为推动企业发展的创新技术与产品，科技的原始创新与企业的实践需求紧密衔接，在创新驱动、研发设计、生产制造之间形成了良性的有机发展链条。这不仅有力地促进了产学研之间的紧密合作，也对先进制造的不断创新发展提供了强大的驱动力。

因而，美国不仅拥有强大的工业制造基础支撑，构筑起了产学研一体化的创新发展体系，而且不断占据先进制造前沿，把持着高端制造的上游环节(如芯片、软件等)，从而实现了制造强国的战略目标，并不断为之增强后续的发展潜力和实力。

2012 年，美国政府启动“国家制造业创新网络(NNMI)”计划，2016 年更名为“美国制造(Manufacturing USA)”计划，旨在建立企业界、学术界的协同创新机制，以解决制造业研发基础增强、先进制造创新和产业化发展等面临的重大问题，通过组建各个领域的制造创新研究所，增强先进制造技术的研发能力。迄今为止，美国已成立了 14 家国家制造业创新中心，其主要内涵涉及数字设计和制造、柔性混合电子制造、未来轻量化创新制造、集成光子制造、电力、先进复合材料制造、先进功能纤维制造、清洁能源智能制造、化工过程强化应用、生物制药、先进组织生物制造、降耗减排、先进机器人制造等。这 14 家国家制造业创新中心中，由国防部发起成立的有 7 个，占比为 50%，其他则由能源部、商务部等发起成立，这显示出美国在先进制造业创新研究上一以贯之的军民融合的特点，即将研究院所、大学、企业、基金会、联盟等有机融合在一起，体现出多元化的组织架构模式，彰显出先进制造在未来发展方面的引领性、辐射性。例如，其中的先进机器人制造创新中心，由卡内基梅隆大学(CMU)创立的先进机器人公司筹集超过 2.5 亿美元，其中国防部投资 8 000 万美元，联盟投资 1.73 亿美元(包括来自工业界、学术界、地方政府和非营利组织的 231 个成员)。

已成立的 14 家美国制造业创新中心的概况如表 2.1 所示。

表 2.1　已成立的 14 家美国制造业创新中心概况

年份	名　称	简称	地点	发起者	主持单位
2012	美国制造	AM	俄亥俄	多部门	国家国防制造与加工中心
2014	面向未来轻量化创新中心	LIFT	密歇根	国防部	轻量化材料制造创新研究院
2014	数字制造和设计创新中心	DMDII	伊利诺伊	国防部	UI 实验室
2014	电力美国	PA	北卡罗来纳	能源部	北卡罗来纳州立大学
2015	先进复合材料制造创新中心	IACMI	田纳西	能源部	田纳西大学
2015	集成光子制造创新中心	AIM	纽约	国防部	纽约州立大学研究基金会
2015	美国柔性混合电子制造业创新中心	NEXTFLEX	加利福尼亚	国防部	NEXTFLEX 联盟
2016	美国先进功能纤维制造创新中心	AFFOA	马萨诸塞	国防部	MIT
2016	清洁能源智能制造创新中心	SMLC	加利福尼亚	能源部	智能制造领导联盟
2016	化工过程强化应用快速发展创新中心	RAPID	纽约	能源部	美国化学工程师协会(AIChE)
2016	国家生物制药创新研究中心	NIIMBL	特拉华	商务部	美国生物有限公司
2016	先进组织生物制造创新中心	ARM	新罕布什尔	国防部	先进可再生制造研究所
2016	降低内含能和减少排放创新中心	REMADE	纽约	能源部	可持续制造创新联盟
2017	先进机器人制造创新中心	ARM	宾夕法尼亚	国防部	先进机器人公司

2021 年 3 月，美国国家情报委员会(NIC)发布的《全球趋势 2040——竞争更激烈的世界》，对 2040 年前可能出现的世界性趋势

进行预测，提出技术创新将是未来 20 年国家取得优势的关键，认为人工智能、智能制造、生物技术、空间技术、超级互联 5 个方向的先进技术将引领未来发展，并有可能形成技术领导者或技术霸权的局面，而技术对于国际供应链的影响愈发显著，新兴技术对未来世界的重构、安全、创新至关重要。抢占先进制造的技术发展先机，对于美国来说，是决定其未来是否能继续保持世界第一制造强国地位的关键所在。

(三) 借鉴经验

纵观美国高端制造的整体发展，无论是在技术创新、人才集聚方面，还是在研发设计、生产制造以及企业发展、产业振兴方面，都突出地体现了以需求为牵引、以创新为驱动、以市场为主导的特色和优势，值得我们学习借鉴。

(1) 技术创新和人才集聚是发展高端制造的动力之源。

无论是第二次工业革命时期，电话、电报、家用电器、飞机的发明，还是第三次工业革命时期，原子弹、通用电子计算机、集成电路、软件、手机、互联网、全球卫星定位系统、航天器的发明，均与美国有着密切的联系。在现代工业文明历史进程的重大转折时刻，美国以科学探索、技术创新和人才集聚的优势，开辟了高端制造的前沿发展。如今，美国在发展先进制造方面，进一步瞄准工业互联网、智能制造、人工智能、自动驾驶、无人系统、区块链、量子计算等新技术，在 3D 打印、增强现实、基因编辑、可回收火箭技术、外骨骼装备、先进机器人等方面投入大量研发力量。美国注重技术创新对于高端制造的核心作用，故而发挥人才集聚对于技术创新和产业发展的推动作用，使自身在高端制造方面始终保持着强大的竞争力和持久的延续性，而大批杰出的科学家、发明家、工程师、技术工匠，也成为美国持续创新的人才源泉。人与技术的完美融合，对于推动美国的先进制造发挥出了巨大的核心和支撑作用。

(2) 研发与制造紧密融合促进了双向的创新链衔接。

制造是一个系统的衔接过程，高端制造的研发设计与生产制造必须紧密融合才能使创新链的构成趋于完善。需求带动了研发，研发催生了制造，创新链的衔接需要在研发与制造的紧密融合中相互支撑、相互促进。美国高端制造从研发到制造，较好地实现了核心技术研发与成果转化应用的融合，需求、研发、制造融为一体。例如，DARPA 成功研发了大量先进制造技术，是互联网、隐身飞机、小型化 GPS 终端、无人机、平板显示器、脑机接口等项目的开创者，在技术创新需求发现、项目策划启动、技术研发团队组建乃至成果推广上，采取扁平化管理模式、项目经理制度，将研发与制造紧密融合，取得了军民融合发展的巨大成功。NASA 与太空技术公司积极合作，拓展高端大型装备研发制造，通过将研发、制造的实际需求相融合，实现了装备制造需求、技术创新驱动以及产业发展的相互支撑。此外，美国企业的研发经费的占比虽达 75%，在专利数量上占有绝对优势，而国家在基础研发上长期投入大学和研究机构的资金，保障了研发对制造的强力支撑。据不完全统计，硅谷总产值的 60%由斯坦福大学的关联企业所创造，研发成果的及时转化、与制造需求的紧密衔接，是美国高端制造长时间保持核心竞争力的关键。

(3) 企业发展与行业振兴构筑了高端制造的产业链条。

制造不仅需要技术创新，人才集聚，在研发设计的基础上制成产品，而且需要通过企业发展、行业形成来推动制造的规模化、标准化、高质量、高水平发展。企业发展与行业振兴形成了制造创新的主干力量，而企业往往是技术创新的主体。美国企业与行业的发展，在不同的工业革命时期，造就了能源、机械、化工、航空航天以及集成电路、计算机、软件、互联网等各个领域的企业，如美国500强企业中的埃克森美孚、西方石油公司、波音、亚马逊、苹果、AMD、微软等。大量的优秀企业构筑起完善的产业制造链条，支撑着不同历史时期的高端制造，确保了美国在全球第二次、第三次工业革命中的领先地位。强大的制造体系、一流的企业、卓越的行业，是美国高端制造居于全球领先地位的厚重基石。

(4) 政策立法与战略举措保障了高端制造的长远发展。

美国保持世界先进制造领先地位的一个主要动力和支撑保障，来自国家的政策立法和战略举措。例如，1980年通过的《拜杜法案》，极大地推动了科研成果的主动转化，为政府、科研机构、产业界合作致力于研发成果的商业运营提供了法律制度激励。此外，还有大批法案，如《专利法》《商标法》《版权法》《反不正当竞争法》《半导体芯片保护法》等。2010年颁布的《美国竞争力再授权法案》，鼓励实施先进制造的区域集群创新发展，为美国高端制造的健康、长远发展提供了坚强保障。

二、德国高端制造发展简况

(一) 历史概况

德国制造是当今世界独具一格的制造类型。自 1830 年开始走上工业化道路之时起，德国经历了数次对外战争；在国家统一之后，其工业制造的基础逐步得以强化；在第二次工业革命时期，德国实现了电气化时代的强国目标；到 1914 年，德国成为高度发达的工业化国家。19 世纪中期，德国将轻工业转向重工业，推动了能源、机械、电气、造船、铁路、汽车等行业的发展，处于当时历史阶段高端制造的领先地位。德国注重在技术研发、转化方面的投入，并持之以恒地加强制造质量建设，塑造了德国制造的精良品牌。之后，在两次世界大战中，飞机、大炮、坦克、潜艇等先进军事装备武器的制造，推动了德国工业制造的迅猛发展，奠定了工业制造的坚实基础。

第二次世界大战后，德国工业发展的规模受到限制，工业生产能力缓慢恢复，但工业仍旧是德国经济的支柱，工业产值基本占 GDP 的 35%，从业人员占总劳动人口的 40%。传统工业如采煤、纺织、造船等逐渐衰退，而汽车、机械、化工、电气等领域逐渐崛起，塑造了德国汽车制造的“三驾马车”——著名品牌奔驰、宝马、奥迪，高档机床、机器人、精密仪器设备、制造装备、生物技术、环保技术等高端制造及制造技术(工艺)也居于世界一流水平，卓越的设计能力、制造品质、质量品牌成为德国制造的鲜明特色。

迄今为止，德国是全球高端制造最具竞争力的国家，制造业门类体系完善，形成了先进制造业的发展集群。例如，从 1995 年实施“生物区域”计划到 2007 年推出“领先集群竞争”计划，再到 2012 年发布“走向集群”计划，形成了斯图加特、德累斯顿、巴伐利亚、巴登·符腾堡州、汉堡等先进制造业集群，集聚了生物医药、仪器设备、数字信息、移动技术、环保产业等诸多新兴的制造业。

在工业化发展的进程中，德国高等教育和职业教育发挥了巨大的支撑作用。19 世纪诞生的著名的洪堡教育思想，开辟了现代大学追求学术自由、教学与科研结合、注重科学研究的先河，柏林大学成为提倡学术与科研紧密结合的发源地，大学自治、学术自由、强化研究为德国引领“电气时代”的先进制造奠定了知识和人才的坚实基础。2003 年，德国亚琛工业大学、柏林工业大学、汉诺威大学、慕尼黑大学、斯图加特大学等 9 所注重工程技术和自然科学领域建设的大学成立了“德国工业大学联盟”，以期加强工科院校合作，进一步提升科研与先进制造、工业实践的紧密结合。在这种高度重视科学研究工作的土壤、氛围之下，学术研究、技术创新、科学管理紧密地融为一体，形成了全方位的科研创新体系，也孕育了推崇制造质量、形成严谨作风、追求卓越水平的制造精神。

同时，与先进的工业制造相匹配，德国职业教育独具特色，大力发展了工程教育的“双元制”，促进了职业教育的特色发展，形成了精益求精的“工匠精神”，积累了具有世界一流水平的制造技艺经验。

德国的高等教育和职业教育，注重人才培养聚焦先进制造的一线需求，将工业制造的实践需要和科学发展相结合，为德国制造引领全球提供了强大的人才和技术支撑，确保了德国先进制造的可持续发展。

（二）近况进展

德国在保持传统制造精良、可靠、耐用的基础上，虽仍拥有世界一流制造水平的综合实力，却面临着信息技术赋能传统制造变革带来的严峻挑战。美国“再工业化”战略的实施，以及以中国为代表的新兴国家的制造业的蓬勃兴起，促使德国制造必须面向信息化、数字化、网络化、智能化做出新的改变。

德国政府于 2005 年出台《精英倡议计划》，2008 年提出《中小企业核心创新计划》，2010 年颁布《高技术战略 2020》，2012 年推出《2020 创新伙伴计划》，一系列推动制造业发展的政策举措彰显了德国在先进制造的长远谋划。

2013 年，德国正式发布“工业 4.0 战略”，旨在重点建设信息物理系统，大力推动制造业的智能化转型，构建智能工厂、智能生产、智能物流、智能服务，实现纵向集成、横向集成以及端到端的集成，突出新一代信息技术对传统制造的提升与推进，通过智能化、分布式、柔性、定制、自由、灵活的崭新制造模式打破传统制造集中式的界限，创造新的产业价值，重组完成新的产业链条。

2016 年，德国提出《数字化战略 2025》，强调继续加快数字产业发展，扩大宽带网络覆盖范围，构建数字化价值链网络，加速中小企业数字化进程，推动电子政务发展以及能源、健康、金融、汽车制造等领域的数字化转型。

2018年，德国提出《高技术战略2025》，进一步强调区域创新集群、集群网络发展在国家创新体系中的重要作用，重点推进创新网络建设，发展微电子、材料、生物、人工智能等未来的先进技术。

2019年，德国发布《国家工业战略2030》，提出未来德国的制造业战略导向，到2030年的目标是把制造业在德国和欧盟的增加值总额所占比重分别扩大到25%和20%，明确了制造业在国民经济中的极端重要性，提出了面对人工智能等新趋势发展的挑战与不足，制定了发展先进制造业的举措路径。

2023年2月，德国研究与创新专家委员会(EFI)提交了关于德国研究、创新和技术绩效的年度报告。通过比较分析德国创新体系在国际上的优势和劣势，EFI对德国未来的创新政策提出了一系列建议，包括协调政府各部门之间的创新合作等，以使德国在高端制造等领域保持优势。

(三) 借鉴经验

德国树立了先进制造的质量典范，卓越的设计能力、一流的制造质量、严谨的工作作风、过硬的工匠精神，与深入细致的科学研究、精湛的制造技艺、出色的教育支撑等要素密不可分。

(1) 注重科研对于先进制造的动力支撑。

全球研究型大学首创于德国，在浓郁的自由学术研究、厚重的精良制造的精神影响下，德国科研为先进制造注入强大动力，而其多元化、高密集度的科研机构和大学，构成了科技创新的不竭源泉。纵观德国四大科学联合会——马普学会、弗劳恩霍夫协会、赫尔姆霍兹协会、莱布尼茨协会，他们在基础研究、技术创新、制造设计、工业制造等领域具有强大的科研实力。120 多所综合大学、220 多所应用技术大学，构成了先进制造的研发设计、技术创新、教育培训紧密结合的完整体系。洪堡基金、德国民众奖学金基金以及众多民间、企业的基金资助，为开展深度持久的研发提供了有力支持。全球知名的“红点奖”、iF 奖均出自德国，这显示了研发设计在先进制造中的独特地位和重要作用，也为德国高品质、高水平的先进制造奠定了重要基础。

(2) 注重工艺质量在先进制造中的核心作用。

最早的德国制造也是从仿制和低端开始的，1887 年英国议会曾通过了具有侮辱性的《商标法》条款，要求所有从德国进口的商品必须注明“德国制造”，以区分德国低劣的产品与英国的产品。而这恰恰激发了德国注重制造质量的变革，其通过积极增强过硬的制造实力，塑造可靠的质量品牌，在制造标准、技术规范、流程把关等全链条生产制造过程中，将科研的优势与制造的实践紧密结合起来。在之后工业革命的进程中乃至二战后，实现了德国经济迅速恢复、制造业蓬勃兴起的鼎盛发展。到 2003 年，德国出口贸易总额超过美国，成为全球最大的贸易出口国，产品主要涉及机械、电气、汽车、钢铁、化工等，“德国制造”也成为享誉世界的卓越质量品牌，重塑了精益求精、细致严谨、追求完美的工业文化精神。根据麦肯锡调查报告，在 20 世纪 90 年代，“德国制造”的知名品牌产品销售额占其产品总销售额的 42%，在发达国家中位居第一。

(3) 注重职业教育对于先进制造的基础支持。

德国的工程制造业之所以享誉世界，离不开高质量的工程教育支撑。德国高等工程教育主要采取“双元制”的办学模式，校企深度合作，共同开展工程教育，推动产学结合落到实处。据不完全统计，德国70%的青年在接受大学等常规教育的同时，均在企业中接受过职业培训。而德国的职业培训主要包括现场工作岗位培训、手工业学徒培训、企业与学校的封闭式培训。工程类高校会从企业聘请专业人士担任荣誉教授和实践导师，负责部分课程的教学工作。同时，高校教师也会定期到企业开办各种培训班和讲座，满足企业的专业培训需求。人员的互访交流促进了高校与产业界的密切联系，深化了校企双方的信息沟通与交流。

三、日本高端制造发展简况

(一) 历史概况

自明治维新时期开始，日本在富国强兵、繁荣产业的政策推动下，学习现代科技，考察工业文明，开启了工业化发展之路，在军工、矿山、铁路、航运、纺织等领域大力开拓，走上了先进制造振兴之路。到1920年前后，日本整体迈进工业化国家之列。

二战后，日本的工业和经济发展陷入低谷，制造业大幅下滑。为了振兴经济，日本掀起“质量救国”热潮，学习美国先进的制造技术和创意，发展工业制造实体经济。在这一过程中，实施“逆向工程”，破解高质量制造的技术诀窍，开始对先进制造的产品、装备进行拆解研究，逐渐重视科技创新能力建设和产品质量品牌建设，设立国家质量奖——戴明奖，创立了团队质量改进方法、丰田生产方式等先进的质量管理模式，推动了先进制造的快速发展。

日本从20世纪50年代的以钢铁、石化、重工业为主，到七八十年代的突出发展电子信息产业、精密制造等，实现了从资本密集型产业向知识密集型产业的顺利过渡，完成了产业结构转化和先进制造业升级。日本于1974年提出《产业结构长期设想》，1980年确立了“科技立国”战略，发布了《80年代通商产业政策展望》《科技白皮书》，率先以贸易立国为突破，促进了经济的高速发展，也为恢复工业制造打下了良好基础。继而，加强技术创新，从引进、吸收到自主创新，开辟了一条符合先进制造创新的技术路线，在汽车、电器、半导体、计算机、生物医药、机器人、纳米技术等方向和领域，造就了具有世界一流水平的技术工艺。20世纪90年代，日本人均GDP超越美国，一跃成为世界第一，创造了日本制造的巅峰。据不完全统计，全球90%的数码相机、66%的半导体材料和37%的制造设备均为日本制造，诞生了丰田、松下、索尼、本田、日产、东芝、三菱等国际知名品牌，日本的质量建设取得显著成就，先进制造步入世界强国行列。

进入21世纪，日本加强先进制造业的创新发展，2001年推出“产业集群”计划和“知识集群”计划，2010年推出“新增长战略”，旨在通过发展先进制造业驱动经济的进一步增长，提高国家竞争力。同时，通过减税、租赁补贴、设立国家技术创新项目、构建企业共性技术开发平台、支持中小企业发展等举措，建立起先进制造良性发展的生态体系。到2016年，日本人均制造业增加值达7 993美元，位居全球第一；人均制造业出口值为5 521美元，位居全球第四；出口质量位居全球第二；对国际制造业的影响力和国际贸易的影响力分别位居全球第二和第四。同时，在高端制造的关键材料、核心零部件方面独具特色，如芯片制造的光刻胶、机器人关键零部件、精密仪器设备等，占据了先进制造产业链上游的地位，具有很强的核心竞争力，使日本成为世界制造强国。

(二) 近况进展

在新一轮全球科技与产业革命到来之际，日本将传统先进制造的优势与信息技术、智能技术紧密结合，在 2016 年发布的《第五期科学技术基本计划》中提出“超智能社会 5.0”的战略概念，旨在加强建设虚拟空间与物理空间高度融合的未来社会系统，重点推进科技发展、医疗卫生、物流运输、农业水产以及防灾减灾等方面的数字化、网络化、智能化进程；同时，也提出了“互联工业”的概念，借助信息技术、人工智能的发展，实现物与物、人与机器、企业与企业之间的连接协作以创造新价值。在 2018 年的“人工智能技术战略会议”上，提出普及人工智能的政策计划，强调推动人工智能技术的研发及其在教育、医疗、服务行业的应用。

近年来，日本十分注重制造业的数字化转型，旨在进一步提高制造业的全球竞争力。在 2020 年版的《日本制造业白皮书》中，特别强调工业链体系建设，一是通过强化前端设计能力、部门及企业间数据协作，加快虚拟工程建设等，提升设计的数字化水平；二是深化人才资源的数字化能力教育培训，强化数据工程能力、数据科学能力、数据管理能力，构筑支撑数字化转型的人才智力基础。

此外，还通过 5G 赋能先进制造，加快信息技术、机器人、物联网的综合应用和效率提升，推进柔性制造、智能化生产及知识图谱、深度学习等人工智能技术在先进制造中的广泛应用，以应对第四次工业革命带来的新挑战，力争继续保持全球先进制造国家的优势地位。

(三) 借鉴经验

(1) 高效的资源加工制造能力，教育与技术创新并行。

日本由于国土狭小、资源贫乏，因此十分重视对工业制造能力的锤炼，开辟了国际化贸易发展之路。在工业化发展进程中，通过振兴教育与创新技术，跻身于世界制造强国的行列，其高端制造也在世界上占据了一席之地。日本高度重视教育，注重先进制造专业人才的培养，为工业化提供了重要的人才和技术支撑。明治维新时期，日本就开始学习西方先进的科学技术，建立了现代教育体制；二战后，将振兴教育和创新技术作为促进经济增长、赶超欧美的一大着力点，颁布了《教育基本法》《学校教育法》等，延长义务教育年限，普及高中教育，推进高等教育、职业教育和培训。20 世纪 80 年代，日本积极发展对外贸易，解决了生产原材料等问题，扩大了产品海外销路，形成了制造业与对外贸易发展相互依托、相互促进的局面，出口贸易增幅快于经济增幅，贸易顺差不断扩大，制造强国地位稳固。之后，制造业企业的生产大规模向海外转移，以降低成本、扩大销售渠道，形成了迄今为止在高端机床制造、机械制造与自动化、半导体材料领域等先进制造中的优势地位，如山崎马扎克、小松、住友重机械等。而在半导体制造领域的 19 种关键材料中，日本制造的 14 种材料占据着全球市场 50%以上的份额，半导体设备厂商也占据了全球半壁江山，实力突出。

(2) 精细的设计制造工艺，协同协作发展的典范。

技术创新的进步造就了高质量的产品，这是日本制造业之所以强大的核心要素。其在 20 世纪 60—80 年代经济高速增长时期，鼓励企业引进美国等发达国家的先进技术，并根据实际情况予以吸收、消化和创新，缩短了与先进制造国家的差距。随着经济实力逐渐增强、技术水平不断提高，日本开始向自主研发转变，注重精细制造的工艺质量，并在国内、国际建立了稳定的合作关系，以大企业为龙头，聚集了众多中小企业，大企业与中小企业分工协作，形成上下游产业链。同时，形成了终身雇佣制、年功序列制等重要格局，雇佣关系稳定、长期投资深远，在全球先进制造的人才储备、知识储备、技能储备、管理储备及素养积淀等方面积累了扎实的基础，成为协作发展的典范，在全球供应链、创新链的格局中占据了重要一环。

(3) 卓越的工业文化工匠精神，注重内涵品质的塑造。

日本制造的“工匠精神”举世瞩目，包含了敬业、专注、精益求精、持之以恒等工业文化的思想品质。其先进制造业之所以能够占据世界制造强国之列，与紧抓产品质量的生命线紧密相关，在技术创新产业化、产品生产制造标准化的过程中，从满足客户对质量、标准、服务需求出发，锻造了日本精益求精的制造精神。这一精神的发展和传承，促进了日本制造业的高质量发展。此外，20 世纪

90 年代以后，日本探索体制改革，构建符合新形势下先进制造业的发展之路，根据需要制定修改了《商法》《禁止垄断法》《工业标准化法》《劳动标准法》《外汇法》《中小企业基本法》等，并注重宣扬法治观念，加强执法监督，从而为企业生产经营、公平竞争等提供了制度保障。

四、其他国家高端制造发展简况

（一）英国

英国是第一次工业革命的制造强国，制造业具有强大的影响力，在汽车工业、能源、航空航天等领域依然保持着一定的竞争力。研发是英国工业制造的传统优势，一些复杂的零部件制造，仍是其先进制造的特色。目前，英国的制造业虽仅占其 GDP 的 10%左右，但出口产品的占比却高达 44%。

20 世纪中后期，英国将经济发展重心放在了金融业和服务业，致使先进制造业的发展放缓。2009 年，英国推出了《重振制造业战略》，通过科技创新和低碳技术实现对传统工业的升级改造，并联合相关政府部门、行业协会和主要制造企业制订了详细的行动计划。近年来，英国重新审视先进制造业对于金融、贸易发展的重要作用，先后出台“工业 2050 战略”“现代工业战略”等，凭借传统制造业的深厚基础，以期进一步在交通、生物医药、精密设备、特殊材料、信息技术等方面推动先进制造业的发展，持续强化剑桥科技园等产学研集群建设。为此，英国投入 1.4 亿英镑设立了“高价值制造弹射中心”，旨在通过增强研发强度、提升技术创新竞争力，推动科技创新、企业应用和市场发展之间的协同。与此同时，英国加强技术教育体系建设、发展学徒制技能培训，为先进制造提供人才支撑，弥补其在专业型的高技能人才培养上的不足，加快提升应对全球新一轮科技与产业革命挑战的能力的建设。

(二) 法国

法国制造业在航空、核能、高铁等方面独具优势，具有工程师学校等卓越工程技术人才培养的深厚传统，在全球工程教育方面独树一帜，这为其先进制造业的发展提供了强大的工程技术专业人才支撑。

迄今为止，法国形成了以波尔多、图卢兹为中心的航空航天产业集群，以巴黎为中心的医药产业、软件产业集群，以海岸城市带为代表的通信产业集群以及格勒诺布尔微电子产业集群等。2013年，法国推出《新工业法国》战略，旨在通过重塑工业实体，加强法国的全球工业竞争力，重点推进在能源、数字经济、新一代飞行器、软件和嵌入式系统、未来高速铁路、绿色船舶、纳米电子学、物联网等先进制造领域的发展。

2015 年 4 月，法国政府正式宣布启动“未来工业”计划，这也标志着《新工业法国战略》进入第二阶段。它提出将现代化、数字化和生态化转型作为推动制造业的主要任务，进一步提高产业竞争力与对市场动态调整的敏锐性，推动产业模式演变，并为未来逐步掌握新工业发展规则与标准制定的话语权做铺垫。持续到 2022 年，法国政府从复兴计划中拨款 2.8 亿欧元专门用于支持中小企业和中型企业的“未来工业”发展，并积极动员社会资本为产业转型提供资金支持。

(三) 韩国

韩国是全球先进制造的后起之秀，在 20 世纪七八十年代全球经济的大发展中坚持制造立国战略，选择了电子、汽车、钢铁、造船、机械等主导产业，实施外向型发展，从贸易向技术转移，积极培育了三星、现代、LG 等大企业，创造了“汉江奇迹”。

为应对当前全球先进制造的激烈竞争和新一轮工业革命的发展趋势，韩国于 2009 年启动《新增长动力规划及发展战略》，将绿色技术、尖端产业融合、高附加值服务作为未来发展的新增长动力；2010 年提出“广域集群”计划，整合信息技术产业、零部件材料、光电子产业、医疗设备、机械制造、造船、航空航天七个先进制造集群；2014 年和 2015 年陆续发布了《制造业革新 3.0 战略》及《制造业革新 3.0 战略实施方案》，这一系列战略基于韩国在信息技术产业的优势，旨在进一步加强制造业与信息技术的融合，从而提升高端制造业的竞争力；2019 年发布了《制造业复兴发展战略蓝图》，希望通过先进制造业的全方位升级，实现改造传统产业的目标，并进一步瞄准人工智能、机器人、关键软件等未来发展的前沿方向，推动制造业取得新的进展。

第三章　电子信息高端制造领域瓶颈分析

电子信息制造业是我国经济的战略性、基础性和先导性支柱产业，渗透性强，带动作用大，在推进智能制造、加快强国建设中具有重要的地位和作用。当前我国电子信息制造业正处于供应链、生态链重塑变革的历史机遇期，以 6G、人工智能、工业互联网为代表的新一代信息技术正在推动产业链的不断升级，全球电子信息产业的重新布局是未来很长一段时间内我国电子信息产业发展面临的主要问题。

一、电子信息领域核心技术总体情况

(一) 电子信息制造行业概况

1. 行业简介

通常意义上，电子信息制造业是研制、生产电子设备及各种电子元器件的产业，由广播电视设备、通信设备、雷达设备、电子计算机、电子元器件和其他电子专用设备等生产行业组成。根据《电子信息产业行业分类注释(2005—2006)》可知，电子信息制造业包括雷达工业行业、通信设备工业行业、广播电视设备工业行业、电子计算机工业行业、家用视听设备工业行业、电子测量仪器工业行业、电子工业专用设备工业行业、电子元件工业行业、电子器件工业行业、电子信息机电产品工业行业、电子信息产品专用材料工业行业，共 11 个行业，46 个门类。

本书中所指的电子信息制造业，是指根据我国国家统计局 2017 年发布的《国民经济行业分类(GB/T 4754—2017)》的 C 类制造业下属的第 39 项“计算机、通信和其他电子设备制造业”，它包括了计算机制造、通信设备制造、广播电视设备制造、雷达及配套设备制造、视听设备制造、电子器件制造以及其他电子设备制造。

20 世纪 90 年代以来，以通信、计算机等产业为代表的电子信息制造业在激烈竞争与产业内部的结构升级中高速发展。纵观全球，经过多年的发展，电子信息制造业作为世界经济发展的重要驱动力在 21 世纪呈现出了新的发展态势，如发达国家制造能力加速向发展中国家转移、跨国公司主导产业发展格局、地区或国家集聚效应明显、由以硬件为核心向以软件或服务业为核心过渡等。这些因素都对中国电子信息制造业的高速发展提供了一定的条件，并起到了一定的推动作用。改革开放以来，经过多年迅速发展，中国的电子信息制造业成绩斐然，中国已成为全球范围内的电子信息制造业大国。近年来，面对错综复杂的国内外经济形势，中国电子信息制造业各级主管部门充分贯彻了“稳中求进”的基调，将目标定为优化市场结构与电子产业产品结构，保证了中国电子信息制造业的平稳发展。

2. 产业特征

(1) 技术和资金密集，创新和风险并存。

电子信息制造业具有较高的技术含量，与高新技术的发展、创新密切相关。以科技研发为先导、具有高创新性和高更新频率已经成为世界电子信息产业发展的重要特征。

(2) 固定成本高，可变成本低。

除了部分电子信息设备制造业企业外，大多数信息产业企业都具有高固定成本、低边际成本的特点。例如，计算机芯片生产中，70%以上是固定成本。因此，电子信息产品的扩大化生产可以使单位产品的固定成本不断摊薄。

(3) 研制开发投资高，生产制造成本相对低。

电子信息制造业是研究开发密集型、知识密集型产业，也是创新最为活跃的行业，因此产业研发人员和经费占比非常大。工业和信息化部发布的《2020 年中国电子信息制造业综合发展指数报告》中显示，电子信息制造业研发经费投入占比指标得分为 124.99，研发人员占比指标得分为 129.93，发明专利申请数占比指标得分为 122.72，发明专利申请数量占全国发明专利申请数的 30%，保持较快上升态势。电子信息制造业作为技术创新驱动型产业，加大研发投入已成为企业共识，企业坚持研发高投入，持续提升了显示器件、通信设备等领域的国际竞争力。

(4) 对标准的依赖性高。

随着电子信息技术产业的发展，其对标准的依赖性越来越高。《国家智能制造标准体系建设指南(2021 版)》中提出，针对电子信息制造行业技术复杂性高、产品迭代快、多品种小批量特征明显、产品个性化和定制化需求增长快等特点，围绕电子信息材料、元器件、信息通信产品和系统等领域的生产和加工，制定专用智能装备和系统的信息模型、互联互通要求等标准规范；制定柔性生产线、数字化车间、智能工厂的建设指南标准和系统集成规范；制定个性化定制等新模式应用指南标准。

3. 细分领域

从行业领域方面来看，电子信息制造业主要包括通信传输、信息软件、硬件核心、集成应用领域等。

电子信息制造业细分领域如图 3.1 所示。

图 3.1　电子信息制造业细分领域图

(二) 电子信息高端制造的地位与作用

电子信息制造业是在电子科学技术发展和应用的基础上发展起来的，具有技术含量高、附加值高、污染少等特点。随着以黑色家电、智能手机等为代表的市场热点产品的快速发展，电子信息产业对社会的影响力日益加大，并被全球主要国家列为本国战略性发展产业。电子信息制造业不仅是当今国际上具有重要地位的高技术产业，也是中国国民经济的支柱产业，发展电子信息制造业对于拉动经济增长、保证社会就业、实现国家的现代化发展等具有重要意义。

我国的电子信息高端制造产业是国民经济的战略性、基础性、先导性产业，是加快工业转型升级、国民经济和社会信息化建设的技术支撑与物质基础，是保障国防建设和国家信息安全的重要基石。产业链配套的完整、制造业资源要素的优势和消费市场规模的庞大，使得我国成为电子和通信网络设备等产品和装备的全球制造基地。在复杂的国际供应链环境下，我国电子信息制造业具有市场规模大、产业韧性强等特点，发挥着经济增长“倍增器”、发展方式“转换器”及产业升级“助推器”的作用。

在推动工业转型升级、促进两化深度融合方面，我国的电子信息高端制造产业发挥了积极作用。信息技术在工业领域深度融合和渗透，汽车电子、机床电子、医疗电子、智能交通、金融电子等量大面广、拉动性强的产品及信息系统发展迅速，为加快推进国民经济与社会信息化建设、保障信息安全提供了重要的技术和产品支撑。

(三) 电子信息领域技术热点

2020 年以来，中央会议多次部署“新基建”，提出加快 5G 网络、数据中心等新型基础设施建设的进度。“促消费”与“新基建”强调了发展 5G、工业互联网、人工智能和数字新型基础设施建设，这给电子信息制造业带来了重要的发展机遇。产业热点领域主要包括专用芯片、工业软件、新型显示设备、通信传输设备、智能视听设备、智能可穿戴设备、智能安防设备、汽车电子设备、医疗电子器械等。

1. 专用芯片

我国集成电路设计、制造、封装测试等产业从 2002 年到 2019 年的年均复合增长率为 21.70%，2019 年产业市场规模达到 7 562.30 亿元，约占世界半导体产业的 19.57%，我国成为全球重要的半导体产业所在地。相对于不断增长的市场需求来说，集成电路需求量大于产量，需求满足仍高度依赖进口。目前，我国集成电路设计、封装测试细分领域发展较快，制造环节也在稳步增长，国产替代市场空间巨大。从未来发展看，AI、VR、物联网、机器人等智能硬件亟须专用芯片，以核心专用芯片 GPU 为例，2021 年全球 GPU 行业市场规模为 334.7 亿美元，预计 2030 年将达到 4 773.7 亿美元。

2. 工业软件

我国工业软件市场潜力巨大。截至 2019 年，中国工业软件市场规模已达 1 720 亿元，复合增速远超全球平均水平，叠加嵌入式软件的市场规模达到 5 000 亿元。尽管发展如此之快，但中国工业软件全球市场占有率不足 6%，而同期中国工业增加值的全球占比接近 30%，二者存在很大差距。因此，中国工业软件市场长期存在很大的增长空间。同时，当前中国工业软件细分领域面临“断供”风险，而工业软件是集成电路产业链的上游核心环节，也是撬动产业链发展的支点。对比发达国家高度重视并持续投入巨资扶持，在当前保障供应链安全性、稳定性的背景下，工业软件复刻集成电路产业成为下一轮国产化投资的重点。

尽管我国的工业软件市场仍处于起步阶段，但我国作为工业门类最多最全的国家，工业应用场景丰富，工业软件市场空间巨大。在“中国制造2025”背景下，我国工业数字化、自动化、智能化水平不断提升，积累了一定的数据资源与知识技术资源。随着我国工业互联网平台建设进程的加快以及软件开发实力的逐步增强，我国工业软件市场将进入快速发展期。随着人工智能和大数据技术推动工业软件性能不断突破，云计算重构了工业软件的开发部署、架构方式、商业模式和产品形态，而开源理念为工业软件企业颠覆传统带来了新的可能。

工业软件的分类与全景图如图3.2所示。

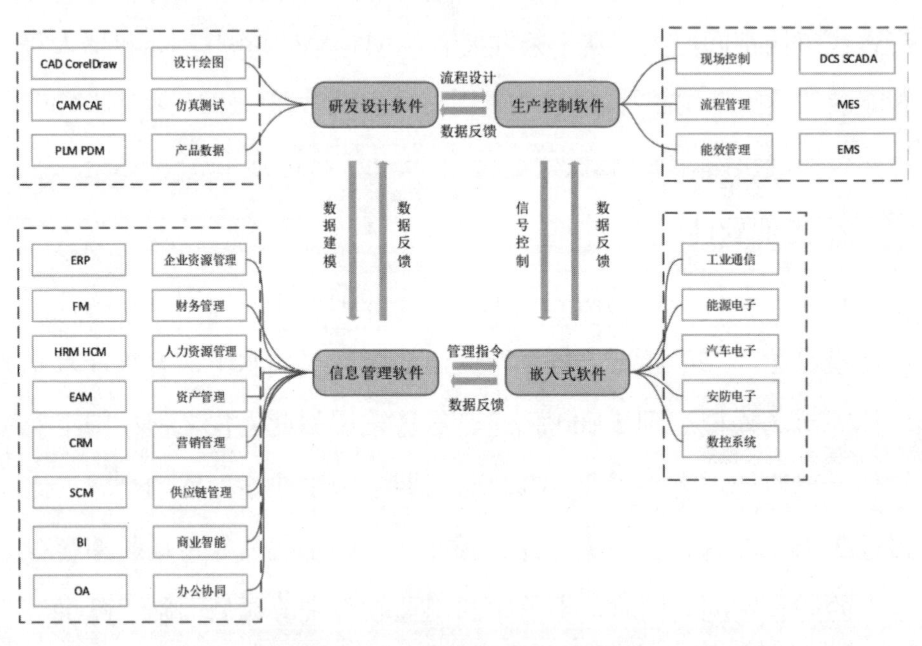

图3.2 工业软件的分类与全景图

3. Micro LED 等新型显示设备

电子信息制造业下游应用产品的大规模升级迭代，将带来新一轮显示设备的大量需求，以可穿戴设备为代表的小型屏幕设备将会是短期主要的方向。Micro LED 作为新型显示设备的典型技术，被称为是能与 OLED 抗衡的新技术，但 Micro LED 的生产制造良率指标仍是制约其大规模运用的因素。随着未来 Micro LED 制造技术的成熟，大规模物联网设备、智能设备需求涌入，其在能耗上的优势会逐步明显。

显示技术的性能比较如表 3.1 所示。

表 3.1　显示技术的性能比较

显 示 技 术	LCD	OLED	Micro LED
技术类型	背光板、LED	自发光	自发光
对比度	5 000∶1	∞	∞
寿命	中等	中等	长
反应时间	毫秒	微秒	纳秒
工作温度	−40～100℃	−30～85℃	−100～120℃
成本	低	中等	高
能耗	高	中等	低
可视视角	低	中等	高
像素密度(可穿戴)	最高 250 PPI	最高 300 PPI	1 500 PPI 以上
像素密度(虚拟现实)	最高 500 PPI	最高 600 PPI	1 500 PPI 以上

注：PPI(Pixels Per Inch)为像素密度单位，表示每英寸所拥有的像素数量。

4. 基站天线、射频等通信传输设备

全球通信设备市场规模随着技术的换代升级呈现波动趋势，目

前全球无线电信网络正处于从 4G、5G 向 6G 发展的过渡期。在投资时序方面，建设初期将是规模试验和预商用阶段，主设备需要集成上游核心器件，最先受益的将是基站天线、射频等组件。随着天线和射频一体化集成的趋势，射频器件代工趋势将凸显，同时由于高频(6 GHz 以上)射频器件用量巨大，但产业链尚未完全成熟，未来市场空间巨大，也存在巨大的技术挑战。

5. 医疗电子器械

2020 年开始的全球疫情防控把远程医疗、AR、VR 及可穿戴医疗设备推向了大家的视野，新一代信息技术和产品在医疗卫生与健康领域更加广泛深入的应用一定会进一步加快，我国医疗信息化基础设施将加速更新，辅助决策、辅助医疗等技术也将更快涌现，这些都将为电子信息制造行业进一步拓展医疗卫生和健康信息化产业提供难得的机遇。随着新一代信息技术和制造业的不断融合发展，电子信息制造技术广泛应用于医疗器械行业，医疗器械向数字化、智能化转型是大势所趋。同时，随着人口老龄化的趋势，康复类医疗电子器械也存在巨大的机会，纳米机器人、神经义肢以及各类智能介入式医疗器械等将引领未来康复医疗电子器械。

(四) 电子信息领域核心技术发展趋势

新基建、技术创新等政策为中国电子信息制造业发展带来机遇。一是新型基础设施建设将带动电子信息制造产业升级发展。以 5G、6G 网络和数据中心等为代表的信息基础设施将直接带动网络设备、终端、IT 设备的需求增加，拉动上游芯片和元器件产业发展；以智慧城市、智慧交通等为代表的融合基础设施将极大地促进传统行业数字化改造升级，拓展智能模组、汽车电子、显示面板等领域的应用需求，形成新的产业发展空间。二是科技自立自强助力我国信息通信核心技术突破发展。党的十九届五中全会审议通过的《中共中央关于制定国民经济和社会发展第十四个五年规划和二〇三五年远景目标的建议》，首次提出“坚持创新在我国现代化建设全局中的核心地位”。经过几十年的发展，我国已经具备了较强的系统集成能力，但从产业本身看，我国在关键材料、高端装备等基础领域与国际先进水平仍有较大差距，供给侧质量和产业结构平衡优化等方面尚需继续推进。“十四五”期间，通过加强技术研发攻关，我国电子信息制造业有望弥补关键技术短板，推动产业基础高级化和产业链现代化。

当前，我国电子信息制造业正面临高质量发展的关键时期，需要加快构建以国内大循环为主体、国内国际双循环相互促进的发展格局。我国电子信息制造业核心技术发展趋势如下：

(1) 核心技术迎突破，高端智能制造成重要发展趋势。

智能制造应用的兴起，带动了电子信息制造业的发展。而电子信息制造业要向智能化、高端化迈进，其根本还是核心技术的提升。目前，电子信息产业正进入技术创新密集期，应用领域呈现多方向、宽前沿、集群式等发展趋势。人工智能、5G、6G 时代的万物互联等高端技术或将带来一片新蓝海，预计十年后，全球人工智能应用、5G、6G 电子信息相关商品和服务的价值都将达到数十万亿美元。

(2) 电子信息制造技术迎全面升级。

推进电子信息制造业高质量发展，需要推进数字制造、智能制造。数字制造、智能制造就是要能够满足批量客户定制的柔性化生产，希望制造过程是绿色的，制造的手段是数字化的，其最终目的是高效、优质、清洁、安全地制造产品，形成新的制造业服务模式。

在 5G、6G、人工智能、物联网等技术驱动下，电子制造行业亟待由智能化技术触发行业变革，借此加速实现智慧化、自动化生产模式。以智能制造技术为代表的新一轮产业革命，正重塑电子信息制造业的发展模式及产业生态。

(3) 电子信息领域制造生产环节加速向低成本地区转移。

相比东部地区、沿海地区，中西部地区在土地、劳动力资源方面具有比较优势，加之政策导向，2015 年以来，深圳电子信息产业以集成电路、新型显示、电子元器件、信息终端产品为主，通过新建生产基地或制造环节外迁的方式，向广西、湖南、贵州、江西等低成本区域转移，且趋势愈发明显。未来，这一态势将会持续进行。

(4) 加强电子信息制造关键技术攻关，实施产业基础再造。

布局建设一批创新中心和实验室，重点突破核心芯片、关键零部件、集成电路制造工艺、半导体材料等电子信息领域的高端制造环节。培育一批具有生态主导力的产业链的“链主”企业，建设自主、完整并富有韧性和弹性的产业链、供应链。

二、电子信息领域核心技术瓶颈分析

(一) 芯片制造

1. 芯片制造产业的内外部环境

中国目前正处在由制造业大国向制造业强国转变的进程中，作为高端电子装备制造基础的芯片制造能力，无疑是衡量国家科技实力和经济实力的重要标志。集成电路产业是由传统制造业、信息技术产业和新型材料产业等高度聚合而成的。中国的集成电路产业与发达国家相比存在着很大的差距，缺乏核心知识产权，电子设计自动化(Electronics Design Automation，EDA)软件覆盖的设计环节较少，一些集成电路制造关键装备和原材料大部分依赖进口，技术创新能力相对较弱，这些都导致中国集成电路产业存在巨大的隐患，随时有被国外限制造成停产的危险。

2023 年 1 月，大型 IT 咨询公司 Gartner 对 2022 年全球半导体产业的统计显示，2022 年全球半导体总收入达到 6 017 亿美元，排名前 25 位的半导体厂商的总收入在 2022 年增长了 2.8%，占市场份额的 77.5%。全球前十大半导体厂商为三星电子、英特尔、SK 海力士、高通、美光科技、博通、AMD、德州仪器、联发科、苹果。从企业分布情况看(如表 3.2 所示)，美国企业仍保持领先地位，前 10 位中 7 家是美国企业，3 家是亚洲企业。从这些数据可以看出，在集成电路供应链中，关键节点集中在美国、韩国等国的半导体高端企业并且优势显著，这也导致了我国在集成电路制造供应链中的脆弱性问题。

表 3.2　2022 年全球市场份额前 10 名的半导体企业

排名	供应商	2022 年收入/百万美元	2022 年占市场份额/%
1	三星电子	655.85	10.9
2	英特尔	583.73	9.7
3	SK 海力士	362.29	6.0
4	高通	347.48	5.8
5	美光科技	275.66	4.6
6	博通	238.11	4.0
7	AMD	232.85	3.9
8	德州仪器	188.12	3.1
9	联发科	182.33	3.0
10	苹果	175.51	2.9
	其他公司	2 775.01	46.1
	合计	6 016.94	100.0

集成电路是半导体最重要的组成部分，国内的半导体行业上市公司多数分布在集成电路产业。数字化与信息化在中国的深入推广使中国成为集成电路的消费大国，但是中国集成电路企业在全球半导体市场所占的份额仅为 3%左右。中国集成电路制造供应链不仅缺乏竞争力，还面临着随时被“卡脖子”的危险。

集成电路制造供应链上游是各类材料和制造装备生产企业，中游是集成电路设计企业，下游是集成电路制造和封测企业。(集成电路制造供应链架构如图 3.3 所示)位于供应链上游的集成电路材料生产和集成电路装备制造支撑了整个供应链的生存和发展。作为集成电路制造供应链中细分领域最多的一环，集成电路的各种材料贯穿集成电路制造(晶圆制造、芯片制造)和芯片封测的整个过程。据国际半导体设备与材料产业协会(Semiconductor Equipment and Materials International，SEMI)统计，2021 年全球半导体材料市场收入增长15.9%，达到 643 亿美元，超过了此前在 2020 年创下 555 亿美元的市场高点。中国大陆 2021 年半导体材料的市场规模约为 119.3 亿美元，同比增长 21.9%，显示出巨大的市场需求潜能。

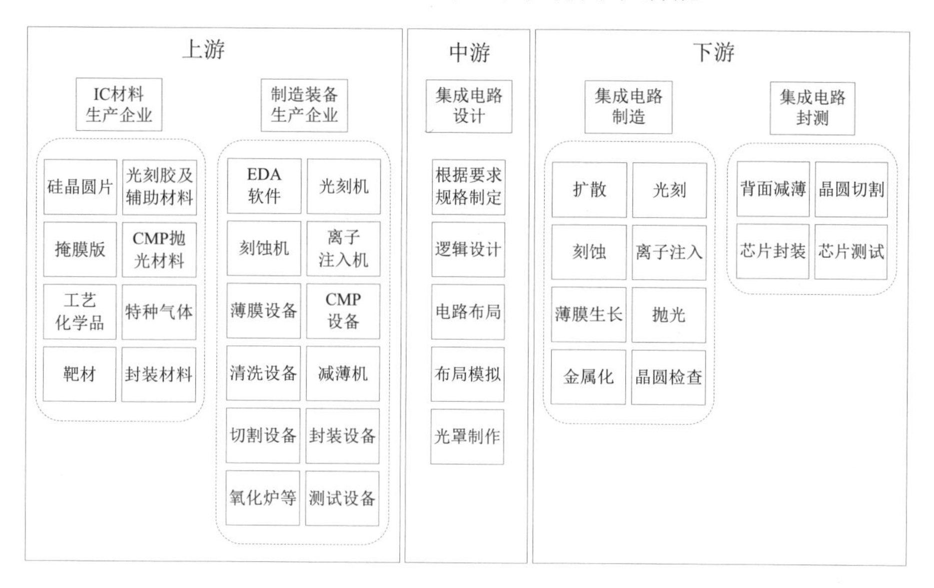

图 3.3 集成电路制造供应链架构

2. 高端材料严重依赖进口

制造芯片所需要的材料包括硅片、靶材、光刻胶、掩膜版、高纯试剂和电子特种气体等。其中，硅片、光刻胶、掩膜版和电子特种气体更为关键。

目前全球排名前五家的硅片供应商是日本信越化学、日本三菱住友、中国台湾环球晶圆、德国世创电子和韩国 SK Siltron，他们占据全球半导体硅片市场 90%以上的份额。相较而言，国内 8 英寸

(200 mm)硅片已经开始进入放量阶段，但 12 英寸(300 mm)硅片不足，质量也有待提高。而光刻胶市场被美、日、韩的企业垄断，国内光刻胶的关键材料设计、制备和合成工艺研究、配方组成和制备等与国际先进水平相差了一代。我国掩膜版和电子特种气体生产厂家的核心技术已经接近国际先进水平，但其市场占有率与国际先进企业还有一定差距。

近年来，随着国家政策的调整和国内市场需求的变化，我国集成电路产业在材料方向发展迅速，关键材料生产逐渐自主化，培养出一大批具有国际竞争力的企业。但是，根据工信部发布的数据，在供给侧方面，对比当前我国在集成电路材料上的需求，关键材料的生产、研发能力依然处于弱势，有 32%的关键材料在众多大型企业中处于空白，52%的依赖进口。这种被“卡脖子”的情况严重制约了我国集成电路产业的健康发展(中国集成电路制造产业主要材料技术水平与国外的对比如表 3.3 所示)。

第三代半导体芯片是以氮化镓和碳化硅等新材料为基础发展而来的半导体功放芯片，特性是耐高温、高压、大电流，适用于新能源汽车等特定领域。人们更熟悉的逻辑运算与存储芯片，还是以硅片晶圆为材料，硅纯度越高越好。硅基的芯片发展历史很长，围绕它的一系列指标以摩尔定律指数为主。硅基芯片制造已深入 10 nm 以下的原子级别，难度极大，对设计、设备、生产技术、投资要求极高。硅基芯片是国产自主芯片发展的主战场，涉及利益最大，面临的挑战也最为艰巨。我国自主研发的第三代半导体产品应用不足，难以形成产业循环，故不少第三代半导体的高端应用为进口产品，如车载芯片中关键的三电控制器、自动驾驶汽车所用的计算芯片和激光雷达等。我国第三代半导体技术水平与国际差距不大，但由于个别应用端对外依赖心态固化，很难单纯靠市场推动产品应用，亟须政府强有力的引导。

表 3.3 中国集成电路制造产业主要材料技术水平与国外的对比

关键材料	国 际	国 内
硅片	主要被日本、德国、韩国等国的半导体公司垄断，占据了全球 90%以上的市场份额	主要硅片产品集中在 6～8 英寸，高端产品研发生产处于起步阶段
光刻胶	市场基本被日本 JSR、东京应化、住友化学、信越化学，美国罗门哈斯等企业垄断	适用于 6 英寸硅片的 G/I 线光刻胶的自给率分别约为 60%和 20%，高端产品完全依赖进口
掩膜版	美国、韩国等国的半导体企业占据 80%以上的市场份额	以美国 Photronics 和日本 Toppan 等外资企业为主，国内市场占有率很低
工艺化学品	由德国、美国、韩国、日本等企业主导，占据的市场份额超过 85%	技术水平相对较低，仅有少数国产产品达到了国际 SEMI G4 标准
电子气体	由美国、德国、法国、日本等企业占据了全球电子气体 90%以上的市场份额	85%的市场份额需要进口，国产产品集中在中低端市场
抛光材料	主要被美、日、欧企业垄断。其中，陶氏化学一家独大，占整个市场份额的 80%	国产化率约为 5%，高端产品依然空白
靶材	全球靶材制造行业呈现寡头垄断格局，少数日、美化工与制造集团主导了全球靶材制造行业	目前已初具规模，但高端产品和工艺仍被国外垄断
封装材料	全球封装材料的主要生产厂商集中在亚洲	多集中在中低端市场领域，技术、成本等方面依然缺乏竞争优势

3. 关键设备存在代际差距

集成电路制造装备整合了集成电路的制造工艺，只要拥有相关装备就能够保证生产并确保达到要求的工艺水平，即“一代器件，一代设备”，新的产品就意味着要有新的装备。因此，集成电路装备的生产同样是整个集成电路制造供应链中的决定性因素。

集成电路制造装备主要有以下六大类：光刻机、刻蚀机、离子注入机、清洗设备、薄膜沉积设备和封装检测设备。我国芯片制造的制造装备、制造工艺与世界一流水平相比，至少有两代的差距，高端的光刻机、刻蚀机、薄膜设备、离子注入机、清洗设备、测试设备等对外依赖程度很高，故集成电路制造装备成为芯片制造必须解决的瓶颈问题。我国虽然在集成电路关键装备方面已经拥有了许多具有实力的企业，但在高端装备方面确实存在短板，特别是在 7 nm 以下工艺制程的芯片制造环节还需要努力追赶。

光刻机是芯片制造中最核心的机器，整个光刻过程也是芯片生产过程中耗时最长、成本最高、最关键的一步。光刻机作为集成电路装备中价值最大的装备，不仅因为它的制造技术难度最大，更重要的在于它的精度直接决定了集成电路加工精度的上限。目前光刻机供应商主要有三家公司，分别是荷兰的 ASML、日本的尼康和佳能，其中 ASML 公司的市场占有率最大，生产制造技术也最高。光刻机中技术难度最大、最关键的分系统当属投影物镜，其性能直接影响到光刻机的成像质量和曝光场的大小。光刻机不仅需要顶级的投影物镜、光源和镜头，还需要极精准的机械部件，一台光刻机中约有 3 万个机械部件，任何一个都必须极其可靠和精准。目前，我国的企业还没有实现在这些关键部件领域的技术和市场的突破。

中国集成电路制造关键设备生产水平与国外的对比如表 3.4 所示。

表 3.4　中国集成电路制造关键设备生产水平与国外的对比

关键设备	国　际	国　内
光刻机	阿斯麦(ASML)7 nm 或 5 nm 采用 NA = 0.33 EUV 技术	上海微电子(SMEE)IC 前道制造 90 nm 光刻机量产
刻蚀机	硅基刻蚀主要被 Lam 和 AMAT 垄断	中微半导体和北方华创具备竞争实力
薄膜沉积设备	CVD 被日立、Lam、TEL、AMAT 垄断，PVD 被 Lam 和 AMAT 垄断	北方华创和沈阳拓荆具备了一定的竞争力
离子注入机	AMAT 占据市场份额的 70%，Axcelis 占据市场份额的 18%	中科信和凯世通已经参与竞争
清洗设备	主要来自 DNS、Lam、TEL 等公司	盛美半导体、北方华创、至纯科技具备了一定的国际竞争力
测试设备	主要被泰瑞达和爱德万两家公司垄断	长川科技和精测电子可以提供自研产品

4. 缺少自主研发的 IP 核

IP 核(Intellectual Property Core)是指在芯片设计中可以重复使用的、具有自主知识产权功能的设计模块。IP 核研发在整个芯片制造产业链中处于上游的环节，随着超大规模集成电路设计、制造技术的发展，IP 核越来越成为集成电路设计和量产的技术入口。

目前全球 IP 核的供应商主要包括 ARM、Synopsys、Cadence 等国外企业，其中 ARM 公司更是垄断着全球手机处理器和平板电脑处理器市场。国外公司积累了一批经过反复优化和验证的 IP

库，并与自己的 EDA 工具产品紧密结合起来，提升了芯片设计的工作效率，这种优势又进一步形成了成熟的、相互依赖的产业链。

由于发展的时间尚短，国内的厂商在这方面的积累还是不够的。只有 IP 核研发逐渐趋于国产化，才能体现出国家半导体产业的自主创新能力。中国芯片设计公司在高端芯片 IP 核上处于落后状态，厂商需从头开始投入研发，故短期内很难实现较为完整的解决方案。

5. 协同创新的芯片制造生态系统尚未形成

芯片制造需要产业链上的各环节密切配合，要想实现关键核心技术的国产替代，不仅要加大自主创新的研发力度，还要做好市场化引导。只有把产业链生态系统做扎实，我国的关键核心技术才能从“可用”走向“好用”，从而加速推进国产化道路进程。

以 MCU 制造为例，过去国内 MCU 制造商在受到“造不如买”的思想影响后，主要生产欧美品牌的廉价替代产品，这种做法限制了企业的成长，造成了赛道拥挤、利润低下，把原本以设计为重点的芯片产业转变为以供应量和制造成本取胜的行业，不利于整个行业的发展。MCU 可分为 4 位、8 位、16 位、32 位和 64 位微处理器，现在 32 位 MCU 已经成为主流，正在逐渐替代过去由 8 位和 16 位 MCU 主导的应用和市场。但是在很长一段时期内，占据国内市场主流的还停留在 8 位，这显然不能满足产业发展的需要。随着物联网技术的发展，开源的 RISC-V 微处理器也开始流行起来，国产 MCU 迎来了新的发展机遇。目前国产 MCU 取得了明显的进步，甚至在门槛高、周期长、安全性强的汽车前装市场也已经有 32 位产品推出。以兆易创新为代表的国内 MCU 厂商正积极布局 32 位中高端芯片市场，已经形成了近 20 个系列、300 多款芯片的产品矩阵，出现了以 ARM Cortex-M4 系列为代表的新产品。

然而，国产 MCU 的发展，除了芯片本身的制造与设计以外，还需要完备的生态系统作为支撑。脱离了 MCU 生态系统，MCU 芯片的作用将难以得到全面释放。生态系统分为两个层面，一个层面是从设计到生产测试的内部环节，虽然制造工艺上可能会有落后，但国产 MCU 企业正在持续努力攻关；另一个层面是指合作伙伴的数量、网络资源的丰富程度、业界口碑以及流量支撑，这些很明显是国产 MCU 的短板。目前，由于国产 MCU 产业生态还未建立起来，部分国产厂商为迎合下游制造商需求占据更大的市场份额而过度追求兼容性，导致产品的创新程度和性能降低，这不利于产业的长足发展。

未来国内芯片制造企业应该建立先进的工艺生产线，制造质量高、性能稳定的产品，持续攻关高性能产品的设计与制造。除此之外，国内企业应该协同创新，持续完善生态系统的建设，整合有限资源，互补短板，建立以本土为主体的产业链。

（二）基础软件开发

1. 基础软件过度依赖“开源资源”

基础软件包括操作系统、数据库系统、中间件和办公软件。

国产基础软件的开发与应用，对于进一步提高我国软件产业的竞争力、提升软件产业专业化服务水平、增强信息系统的自主可控能力、保障国家信息安全，具有积极而深远的意义。而基础软件市场一直被国外大公司把控，国产基础软件的发展常常受制于人。

基础软件研发技术起点高，难度大，一个成熟的基础软件产品要具备深厚的技术积累和沉淀才能逐渐走向市场。国内很多厂商为求速成，要么基于一个现有的开源系统进行改进，要么从其他厂商购买源码授权，这样虽然起步比较快，但是产品架构几乎不可能调整，短期内也不可能掌握其核心技术，因此遇到客户新需求等问题时难以快速响应。以操作系统为例，目前全球 PC 操作系统主要有 Windows、MacOS、Linux、Unix 四种，移动端操作系统主要有 Android、iOS 两种，其中 Linux 是一套开源的类 Unix 操作系统。主流的国产操作系统包括麒麟(中标麒麟、银河麒麟)、统信、普华、中兴新支点、凝思、中科方德以及华为自研的开源操作系统欧拉(OpenEuler)等，均为基于 Linux 内核的发行版，多是基于 Debian 或 Red Hat 的衍生版本。

开源软件在自主可控、信息安全等方面也存在不可忽视的挑战。国产的产品中可能包含仍受制于人的技术“命门”，“有自主知识产权”的产品中可能包含技术上尚未完全掌控的开源资源。在信息对抗的大形势下，安全可控方面存在明显的薄弱环节，有的软件过度依赖开源项目。

由此可见，要想实现基础软件技术突破，虽然可以利用已有的开源项目，但也必须重视核心技术的自主可控，在实际应用场景中不断发现问题，从而革新技术，实现突破。

2. 缺乏国产基础软件生态圈的建设

国产基础软件产品之间能否相互兼容、相互支持、更好地支持应用系统，成为国产基础软件应用、推广过程中面临的最大问题，操作系统、数据库、中间件、办公软件等国产基础软件平台成为越来越迫切的需求。

操作系统是自主可控生态构建的核心，是最基本和最重要的基础性系统软件。目前 Windows 和 Android 分别占据全球 PC 端和移动端操作系统的领导地位。数据库是一个按数据结构来存储和管理数据的计算机软件系统，Oracle、IBM、微软占据国内数据库近 60%的市场份额，但目前国产数据库份额正不断提升。中间件是分布式架构必要的基础软件，处于各类应用与操作系统之间，政府、金融、电信等行业需求较多。IBM、Oracle 统领国内中间件市场，占据国内中间件 32.3%的订单量和 51.1%的销售额。但同时，国产中间件，如东方通、宝兰德、普元信息、中创股份、金蝶天燕等已具备一定的份额。

国产基础软件生态建设困难，要想打破以国外品牌为主导的生态圈尤其困难。当前国外知名基础软件在业内处于绝对领先地位，短期内无法撼动其国际巨头的地位。如今，国内基础软件厂商众多，局面还有些混乱，单凭任何一家企业的力量难以打破国外市场的垄断，需要有“国家队”出现，集中投入财力物力，形成几家大型的国产基础软件企业，深化基础软件的市场化程度，集中力量牵头建设生态圈，共同推进我国的信息化建设。

(三) 高端工业软件开发

(1) EDA 技术存在代际差距。

在半导体领域，电子设计自动化(Electronic Design Automation，EDA)作为 IC 设计和电路板设计最上游、最高端的产业，在超大规模集成电路(VLSI)芯片的功能设计、综合、验证、物理设计(包括布局、布线、版图、设计规则检查等)等流程中至关重要。EDA 在整个集成电路供应链的工业软件系统的设计、制造、封装、测试、应用等各个环节中均起到重要的战略支撑作用。

目前，全球的 EDA 软件几乎都被三巨头公司(Synopsys、Cadence 及 Mentor)所垄断，尤其是 Synopsys 和 Cadence，有着完整的产品线，可以支撑集成电路设计的全流程。Synopsys 进行数字电路设计的综合工具 DC 和进行静态时序分析的工具 STA 是最优的，牢牢地掌控着集成电路设计的核心环节。除此之外，国外三巨头积累了一批经过反复优化和验证的 IP 库，Synopsys、Cadence 能够免费提供设计多种基础 IP、各种规模的功能 IP 以扩充客户的 IP 库。同时工具产品结合紧密，进行工艺捆绑，这极大地提升了产品的可用性，并帮助其客户提升了芯片设计的工作效率。

近年来，国产 EDA 软件在系统性、兼容性方面有了长足的发展。国产 EDA 软件供应商华大九天在模拟电路设计领域和平板显示电路设计领域几乎实现了全流程覆盖；EDA 智能软件和系统企业芯华章发布了多款验证 EDA 软件的组合。国产 EDA 工具与国外主流 EDA 工具相较，设计原理上并无差异，但是，由于我国在 EDA 领域起步晚、基础薄弱，软件性能方面存在不小差距，主要表现在对先进技术和工艺的支持不足，和国外先进 EDA 工具之间存在“代差”。

截至 2021 年底，EDA 领域的国外三巨头企业 Cadence、Synopsys、Mentor 以及提供 EDA 专用工具的 Xilinx 公司的专利总量分别为 7 195 件、3 866 件、3 605 件和 7 273 件；而国内 EDA 企业中，华大九天为 1 374 件，国微集团为 832 件，其他较知名的 EDA 企业(概论电子、芯华章、芯愿景、广立微等)加起来仅为 173 件。由此可见，我国数字集成电路设计 EDA 领域的技术竞争力虽然不断提高，但与国外的差距依然明显，距离摆脱进口依赖、彻底解决“卡脖子”的问题还有很长的路要走。

(2) 自主软件市场推广困难。

国内很多科研单位也积极进行了高端工业软件的研制，但仅作为项目完成，在取得初步成果之后，便随着项目的结题而封存入库，缺乏“工程化”市场应用的进一步推广，因而在软件市场上缺乏持续的竞争力。如 20 世纪 80 年代后期，中国科学院开发的 FEPG 和飞箭软件，其最大的原创性是有限元语言，在当时的全球软件市场产生了强烈反响，甚至西方成熟企业都来到我国洽谈收购。之后，于 2000 年开发出全球首套互联网有限元软件、2006 年推出了 FEPG 的并行计算版本。然而，最终在工程化、市场化的应用上销声匿迹。又如，空气动力研究所开发的风雷软件、航空工业强度研究所开发的 HAJIF 软件、大连集创开发的 SiPESC 软件、华中科技大学开发的华铸 CAE 软件等，基本功能已经覆盖当时国外主流系统，然而，同样是缺乏持续的开发和运营，缺乏市场化的动力、资金和支撑机制，使国产工业软件的发展失去良好机遇。

国内高端工业软件用户习惯培养体系尚未健全。以 CAD 软件为例，国外 CAD 供应商会给学校客户优惠价甚至免费，目的是培养用户习惯。国内工程师的 CAD 应用培训、相关教材和参考书籍主要是以国外大厂的工具为基础的，这使得工程师们自然而然地就能够熟练使用国外大厂的产品并对它们充满信任。国产的 CAD 替代产品多在兼容性上做功，且无法提供系列化产品，在时效及使用上都有很大差异。工程师们要使用国内厂商的产品，就需要经过一段时间的学习，之后还要反复地试用练习才能将这些产品融入他们的设计工作流程。

(3) 长远规划发展定力不足，存在“短周期”效应。

软件是一个长周期的工业制品，需要知识、经验、技术、工艺的长期积累与固化，需要保持持续发展的动力与定力，在系统化建设之后才可能获得好的回报，实现原型软件工程化、工具软件平台化、工业软件产业化，取得自主软件研发和产业化推广的新进展。全球著名软件公司的历史均比较长久，与国家工业化步伐同频共振，在技术、资本、人才等方面积聚了巨大实力，建立了良好的市场机制，增强了自我能力建设，企业的产品始终在市场上占据先机、占据高端，形成了良性循环。

工业软件的发展是一个系统工程，需要战略定力，应持续跟进、迭代更新，要有持久的人力、财力支持，要明白其研发的周期长、收益慢。而过去我国扶持性政策有限，持续跟进不足，曾错失发展良机。如国产CAD从“六五”起步直到“九五”发展，在1991年掀起了“甩图板”的自主研发热潮，但之后销声匿迹；国产CAE从20世纪60年代到90年代逐步推进，但之后轻视成果转化和市场化推广，缺乏重点扶持、商业化运作，战略定力不足，未见发展。我国软件企业普遍规模较小，一些企业也曾在历史上有过成功开发工业软件的案例，如熊猫、开目等，但因为缺乏国家战略的持续支持，也缺乏行业领域的市场深耕，存在“短周期”效应，从而错失了发展良机，造成今天与发达国家软件企业之间存在巨大实力差距的局面。

三、电子信息领域技术突破的主要思路

(一) 基于“可信开源”模式发展基础软件与工业软件

在操作系统、数据库、中间件、工业软件等基础软件领域中有大量具有垄断性质的国外产品，同时也存在许多具有影响力的开源项目。直接挑战垄断的产品所具有的优势成本太高，而开源的基础软件对我国信息技术的发展来说是潜在的巨大机遇。倪光南院士指出，我国在信息技术领域一个短板是硬件与芯片，另一个短板是基础软件。我国信息技术产业可以充分利用已有开源项目，达到跨越式发展。

但同时，开源软件在自主可控、信息安全等方面也存在不可忽视的挑战。虽然美国的公司和机构控制着大量的开源项目，但开源项目的应用在美国政府及相关分支机构一直饱受争议。美国空军于2019年9月12日发布了《空军人工智能战略》，作为美国《国防部人工智能战略》的附录。该战略强调了使用开源软件的重要性，其战略目标之一就是使用开源软件和算法来支持空军范围内的人工智能技术的应用。但是，政府问责局(GAO)2019年9月10日的一份报告指出,美国国防部尚未充分实施国会授权的(关于使用开源软件的)试点计划。GAO表示，开源可以降低成本并提高效率，但同时指出，对于如何管理使用开源软件的网络安全风险存在截然不同的观点。

卢锡城院士指出，国产产品装备中可能包含仍受制于人的“技术命门”，“有自主知识产权”的产品中可能包含技术上尚未完全掌控的开源资源。应严格进行安全管理，切实减少生态链中的不可控环节，规范开源资源应用模式。同时应加强安全评测和防护技术攻关，开展“可信开源模式”等安全增强技术研究，不断增强安全可控能力。

在自主可控的要求背景下，不仅迫切需要研究基础软件和工业软件的发展趋势，更需要分析和预防在基础软件的开发、引进、运用过程中的技术风险和法律风险，形成符合自主可控的要求的基础软件生态。摆脱发达国家垄断体系的影响对我国发展核心技术提出了很高要求，国产操作系统的自主研发需给予重视，同时要促进操作系统与芯片等基础软硬件的深度融合，真正实现全产业自给自足。

(二) 应对“断供”风险选择 CPU 等关键芯片的自主可控架构

当前主要的 CPU 体系架构包括 X86 或 X64 处理器架构、ARM 处理器架构、MIPS 处理器架构和 RISC-V 处理器架构等。主流应用以 X86 架构和 ARM 架构为主。随着 2019 年 ARM 暂停与华为合作、AMD 中止对海光的 X86 架构后续授权，过于依赖国外架构导致我国芯片产业处于被动形势，必须实现处理器架构的自主研发。相对而言，我国在 MIPS 和 RISC-V 处理器架构方面具有一定的知识产权基础，可以作为 CPU 自主可控架构设计的基础。

MIPS 处理器架构是一种采取精简指令集(RISC)的处理器架构，1981 年由美国 MIPS 科技公司开发并授权，被广泛使用在许多电子产品、网络设备、个人娱乐装置与商业装置上。

目前国内企业自主研发的 MIPS 处理器架构有龙芯和君正等。龙芯是中国科学院计算所自主研发的通用 CPU，采用自主 LoongISA 指令系统，兼容 MIPS 指令。2002 年 8 月 10 日诞生的“龙芯一号”是我国首枚拥有自主知识产权的通用高性能微处理芯片。龙芯从 2001 年至今共开发了 1 号、2 号、3 号三个系列的处理器和龙芯桥片系列，在政企、安全、金融、能源等领域得到了广泛的应用。龙芯 1 号系列为 32 位低功耗、低成本处理器，主要面向低端嵌入式和专用应用领域；龙芯 2 号系列为 64 位低功耗单核或双核系列处理器，主要面向工控和终端等领域；龙芯 3 号系列为 64 位多核系列处理器，主要面向桌面和服务器等领域。2020 年，龙芯中科基于二十年的 CPU 研制和生态建设积累推出了龙芯指令系统(LoongArch)，包括基础架构部分和向量指令、虚拟化、二进制翻译等扩展部分，近 2 000 条指令。龙芯指令系统具有较好的自主性、先进性与兼容性。

RISC-V 是一个基于精简指令集(RISC)原则的开源指令集架构。与大多数指令集相比，RISC-V 指令集可以自由地用于任何目的，允许任何人设计、制造和销售 RISC-V 芯片和软件。虽然这不是第一个开源指令集，但它具有重要意义，因为其设计使其适用于现代计算设备(如仓库规模云计算机、高端移动电话和微小嵌入式系统)，设计者考虑到了这些用途中的性能与功率效率。该指令集还具有众多支持的软件，这解决了新指令集通常的弱点。国内的芯片行业对 RISC-V 抱有很高的期望，其全新的、开放的指令集体系结构可以帮助中国在处理芯片上打破长久以来的技术壁垒。

(三) 突破 3D 封装技术有效提升芯片集成度

由于 7 nm 或更先进工艺的集成电路制造有“卡脖子”的风险，而国内在短时间内形成技术突破较为困难，为提高密度、性能和可靠性，可以在晶圆水平和垂直方向上继续缩小特征尺寸。受目前芯片生产的集成度水平限制，可以重点突破 3D 封装技术来提高芯片的集成度，在一定程度上打破技术壁垒。

3D 晶圆级封装是指在不改变封装体尺寸的前提下，在同一个封装体内于垂直方向叠放两个以上芯片的封装技术，包括 CIS 发射器、MEMS 封装、标准器件封装。它起源于快闪存储器及同步动态随机存储器的叠层封装，主要特点为多功能，高效能；大容量，高密度；单位体积上的功能及应用成倍提升，低成本。

与传统封装相比，在尺寸和重量方面，使用 3D 封装技术可缩小尺寸、减轻重量；在速度方面，3D 封装技术节约的功率可使 3D 封装元件以每秒更快的转换速度运转而不增加能耗，寄生性电容和电感得以降低；在硅片利用效率方面，3D 封装技术更加有效地利用了硅片的有效区域，硅片效率超过 100%；在噪声幅度和频率方面，芯片的噪声幅度和频率主要受封装和互连的限制，3D 封装技术在降低噪声中起着缩短互连长度的作用，因而也降低了互连伴随的寄生性。

电路密度的提高意味着功率密度的提高。采用 3D 封装技术制造元器件可提高功率密度，但必须考虑热处理问题。一般需要在两个层次进行热处理，第一是系统设计，即将热能均匀地分布在 3D 封装元器件表面；第二是采用诸如金刚石等低热阻基板，或采用强制冷风、冷却液来降低 3D 封装元器件的温度。

(四) 积极研发碳基芯片技术

碳基芯片在半导体产业的发展前景较好。专家认为，碳基与硅基材料在相同工艺的情况下，前者的性能是后者的 10～100 倍。碳基芯片在导电、散热、功耗、3D 封装等方面均具有优势，硅基芯片退出历史舞台将只是时间问题。尽管碳基芯片拥有性能上的优势，但短期内在量产上还将面临困境。

在制造方面，碳基芯片与硅基芯片相同，都要运用 Fin FET 与 SOI 技术来实现电流的阻隔，集成电路是唯一途径，而集成电路的刻制最先进的工艺便是光刻技术。因碳基芯片的结构无法像硅基一样稳定，其活泼的性能决定了碳基芯片对光刻技术的要求要高于同等工艺水平的硅芯片，所以光刻技术仍是碳基芯片制造中必须要攻克的核心难题。

目前，全球研发碳基芯片的团队不超过 5 个，可以实现量产的团队不超过 2 个。美国团队选择与硅原材料结合研发碳基芯片，而中国团队正在着手实现真正的纯碳基芯片路线，并在部分领域实现了市场应用。按照国内碳基芯片的研究规划，未来的主要研究方向将是 90 nm 工艺的突破，并有望实现 28 nm 工艺的生产。

(五) 基于现实基础积极构建可控的产业链

对于芯片制造工艺技术层面上的挑战，基础性挑战是精密图形转移，核心挑战是新材料新工艺，终极挑战是良率提升和成本控制。应对这些挑战离不开具备芯片制造成套工艺能力的技术平台。

吴汉明院士指出：当前的大国博弈显然并不在某个先进技术节点，而是在整体产业链的比拼。不必全力追求单一的线条缩小的技术，而要关注在我国主流先进工艺及特色工艺上的本土化进程。不妨以退为进，建立基本可控的成套工艺制造技术更具有现实意义，比如研发建立基本可控的 55 nm 生产线，其意义远大于建立全部依赖进口装备和材料的 14 nm 生产线。

国家已经通过各类重大专项，直接对集成电路产业进行投入，在先进技术、安全可靠、自主可控等方面建立了较完整的产业体系。然而，供应链受复杂的市场环境和技术路径依赖等因素影响，下游用户通常会选择技术领先、价格合理、生态完善的集成电路产品。如果下游企业的技术选型风险没有保障，产品难以推广，难以达到“从输血到造血”的转变，也就难以形成良性的技术和市场生态。

因此，建议在国家政策支持下调整投入方向，加强供应链及生态体系布局，在扶持集成电路供应链骨干企业突破核心技术的同时，以重大国家工程为先导，围绕国家核心需求，支持用户方积极选择国产集成电路产品，推进集成电路制造国产化进程，达到供应链自主可控的目的。

总之，国家政策应当从面向企业的支持转变为面向供应链的支持，以构建集成电路供应链的良性生态。

我国电子信息高端制造领域瓶颈突破的路径图如图 3.4 所示。

目标层	需求	满足全电子信息产业链“双循环”的需求			
		满足日益增加的雷达、集成电路、航空航天、轨道交通、海洋工程等高端电子信息高端制造的需求			
	目标	突破电子信息高端制造的关键技术			
		解决电子信息高端制造的瓶颈问题			
实施层	应用技术	工业互联网	自动驾驶	工业机器人	智能家居
		智能终端	无人飞行器	远程医疗	…
	基础技术	通信技术	工业软件	新材料	新工艺
		人工智能	量子计算	关键设备	…
保障层	政府支持	积极鼓励可信、可控、开源技术发展模式			
		设立专项基金解决关键技术的有效突破			
	产业链保障	面向全产业链的生态融合与协同创新			
		基于现实基础积极构建可控的产业链			

图 3.4 我国电子信息高端制造领域瓶颈突破的路径图

第四章　机械工程高端制造领域瓶颈分析

机械制造是现代工业的基石，拉开了近代工业文明的序幕。人类从石器时代制造简单工具开始，经历了农耕器具、生产工具、生活用具等制造历程，拓展了从人力、畜力到风力、水力等动能的使用范围，实现了对石、木、土、金属等不同质地的机械工具制造的演进。

18 世纪后期，蒸汽机的发明与应用开启了全球机械制造的历史变革，机械化成为第一次工业革命的主要特征，为电气化、自动化、智能化制造奠定了重要基础。机械工业也成为奠定当今世界工业文明的重要基石，而机械制造领域的实力，则代表了一个国家整体工业化的基本水准。

在当前先进制造数字化、网络化、智能化的发展趋势下，我国机械制造已经具备了门类齐全、规模庞大的基础体系，取得了举世瞩目的显著进展，在一些重大机械装备制造方面居于世界先进水平，但同时也面临着材料、关键基础件、设计制造、工艺质量等方面的不足，亟待突破瓶颈短板。

一、机械制造领域核心技术总体情况

(一) 机械制造行业概况

1. 行业简介

机械制造是指通过设计、制造、测试等主要环节，将原材料加工生产为机械装备、用具、产品的过程，主要包括了设计、材料制备、铸造、锻造、冲压、切削、焊接以及热处理、表面处理、装配、调试等。机械制造类学科的专业主要包括机械设计制造及其自动化、材料成型及控制工程、工业设计、过程装备与控制工程等。

根据我国《国民经济行业分类(GB/T 4754—2017)》，机械制造行业的主要产品包括以下 13 类：农业机械、内燃机、工程机械、仪器仪表、文化办公设备、石化通用机械、重型矿山机械、机床工具、电工电器、机械基础件、食品包装机械、汽车及其他机械。

近年来，我国机械制造行业总体上处于平稳发展态势，对工业发展的重要基础支撑作用十分显著，在双循环目标下的总体发展呈现出稳中有升的良好态势，与制造大国的整体格局相匹配，同时也体现了我国工业制造亟待强化 2.0、发展 3.0、迈向 4.0 的现状。

表 4.1 所示为 2018—2020 年我国机械工业经济运行进展简况。

表 4.1　2018—2020 年我国机械工业经济运行进展简况

年度	业务收入	同比增长	利润总额	同比增长	主要增长方向
2018	21.38 万亿元	6%	1.45 万亿元	2%	工程机械、通用装备、零部件等
2019	21.76 万亿元	2.4%	1.32 万亿元	−4.5%	工程机械、起重装备、通用装备、石化装备、基础件、智能装备等
2020	22.85 万亿元	4.5%	1.46 万亿元	10%	工程机械、机器人与智能装备、农业机械、机床工具、重型矿山装备等

2. 产业特征

(1) 传统机械制造业结构性矛盾凸显，机遇和挑战并存。

在全球“新冠”疫情、中美贸易摩擦等不利因素的影响下，随着制造业数字化、网络化、智能化对传统制造的更新升级、迭代发展，传统机械制造业产生了成本上升、效益下滑、需求疲软、订货不足等问题，产业结构性矛盾凸显，钢铁、煤炭、电力、石化等传统用户行业处于产能调整期，导致机械装备制造的总体需求下降，投资低迷、效益低下等情况依然存在，行业发展的下行风险隐患依旧较大。

(2) 创新发展推动传统机械行业升级转型。

自主创新、高端研发不断深入，战略性新兴产业持续发展，重大装备制造实现新突破，产业基础能力、关键零部件、共性关键技术等自主发展的步伐逐渐加快，传统机械行业的转型升级、智能化发展、绿色环保等积极推进，呈现出较强的增长势头和厚重的发展潜力，这些都推动着机械制造行业的发展。

(3) 产业规模持续增长，市场竞争力不断增大。

“十三五”期间，我国机械工业的经济运行总体呈现平稳态势，产业规模增长，创新发展推进，基础不断增强。截至 2020 年底，规模以上企业总数为 92 288 家、资产总额达 26.52 万亿元，主要生产指标、经济效益指标稳中有升，5 年期间的工业增加值年均增速为 7.5%、主营收入年均增速为 7.6%、利润总额年均增速为 4.7%，机械工业产业规模在全国工业中的比重呈现上升趋势。同时，产品生产能力显著增强，在工程机械、农业机械、发电设备、工业机器人、汽车、数控机床、通用及专用设备、电力装备生产领域取得骄人成绩。进出口贸易虽然出现波动起伏，但累计实现了贸易顺差 6 104 亿美元，这在一定程度上反映出我国机械产品国际市场竞争力稳步提升的良好局面。

(4) 需求和供给在新兴领域呈上升趋势。

机械行业需求和供给呈现出升级趋势，特别是在风力发电、光伏发电等新能源设备、新能源汽车和工业机器人等领域高速推进，以数字化、网络化、智能化为主攻方向的技术改造与升级，为这些领域的高质量发展奠定了基础。“十三五”期间，共建设工程研究中心、重点实验室、创新中心 48 家，截至 2020 年底挂牌运行、筹建的创新平台总数达 241 家，在核心基础零部件制造、成形加工装备制造、工业机器人检测等方面取得了突破性进展。

(二) 机械制造高端制造的地位与作用

机械制造业是国民经济的基础产业，它的各项经济指标占全国工业的比重高达四分之一，它的发展直接影响到国民经济各部门的发展，也影响到国计民生和国防力量的加强。因此，各国都把机械制造业的发展放在首要位置，努力提高本国机械制造技术。随着机械产品国际市场竞争的日益加剧，各大公司都把高新技术注入机械产品的开发中，以此作为竞争取胜的重要手段。

高端制造业是工业化发展的高级阶段，是具有高技术含量和高附加值的产业。高端制造业处于制造业价值链的高端环节，具有技术、知识密集，附加值高，成长性好，关键性强，带动性大的特点。机械领域的高端制造业包括轨道交通装备、工业机器人、高端医疗器械、高端船舶和海洋工程装备、新能源(电动)汽车、现代农业机械等。高端制造业是衡量一个国家核心竞争力的重要标志，体现着一个国家的科技实力与综合实力，是决定国家产业综合竞争力的战略性新兴产业。发展高端制造业对于国家综合实力的提升具有关键作用，有助于国家动能与产业结构的升级，推动国家社会经济的进一步发展。

(三) 机械制造领域技术热点

长期以来，我国在机械制造领域积累了一定的发展实力，逐步成为全球制造大国，机械工业为国家工业整体发展做出了重要贡献，在工程机械、重大装备、交通运输、汽车、家电等传统制造领域取得了自主创新、规模发展的巨大进步，奠定了高端制造的重要基础，同时为发展数字化、网络化、智能化制造打下了坚实基础。

在当前全球先进制造竞争愈发激烈的形势下，我国的机械制造仍面临高档数控机床、核心零部件和关键基础件、精密制造工艺、测试仪器设备自主创新等方面的短板，亟待通过强化工业基础、推进基础科研、提升创新能力、提高制造质量逐步予以破解。因此需要加大国产装备和产品的自主研制、生产制造的推进力度，尤其是以制造需求为牵引，加强关键技术热点攻关，率先实现技术创新“点”的突破，继续协同跟进整体制造“面”的发展。

表4.2列出了我国机械制造关键技术的最新进展(整理摘自中国机械工程学会《2018—2019机械工程学科发展报告》)。

表4.2 我国机械制造关键技术热点攻关进展

序号	制造领域	关键技术研制进展	牵头人
1	精密超精密加工	大尺寸超薄硅片纳米级无损伤抛光技术，研制12英寸“干进干出”装备及工艺，实现大尺寸晶圆表面纳米级平坦化缺陷控制	路新春 (清华大学)
2	高效高质加工	碳纤维复合材料新切削理论及技术，发明9个系列新型刀具，效率提升3～4倍，精度提升50%	贾振元 (大连理工大学)
3	非传统加工	大型薄壁曲面激光焊接控形控性技术，实现小变形、低应力、高质量激光焊接	邵新宇 (华中科技大学)
4	微纳制造	电场斥力辅助脱模新方法——大面积嵌入式功能结构的电场辅助扫描填充技术，推动纳米压印技术从二维向三维发展	卢秉恒 (西安交通大学)
5	绿色制造	废旧线路板低温连续热解技术，有效消除废旧电路板回收中的持久性有机污染	郭学益 (中南大学)
6	仿生制造	建立了基于过约束空间机构网格的厚板折纸运动学模型，解决厚板折纸仿生制造难题，用于大型空间可展开结构、新型超材料及轻型复合材料、可变性机器人制造等	陈焱 (天津大学)
7	表面功能结构制造	复杂表面热功能结构形貌特征设计与可控制造技术，解决管壳式换热器、空调、高耗能照明及高铁、卫星、相控阵天线等高热流密度热控问题	汤勇 (华南理工大学)
8	增材制造	基于激光选区烧结的复杂零件整体铸造成套的理论和技术，突破航空发动机机匣、涡轮泵等高性能复杂零件整体铸造难题	史玉升 (华中科技大学)

从表中可以看到，我国机械制造的关键技术攻关主要集中在精密超精密制造、高效高质加工、特种制造、3D 打印、表面结构、绿色、仿生等热点上。我国聚焦先进制造的关键核心技术，开展了新理论、新方法、新工艺的自主创新探索，取得了一定进展，为提升机械制造前沿发展的潜力、夯实制造根基的能力率先打响了“攻坚战”。

(四) 机械制造领域核心技术发展趋势

机械制造在工业 2.0 的基础上，向 3.0、4.0 方向不断迈进，正在发生着代际叠加的显著变化：系统集成度越来越高，呈现出复杂系统化的特征；应用的环境与场景趋于多工况、极端化，在高质量、可靠性、适应性、耐用性等方面提出了更高、更严苛的要求；设计制造更加符合绿色环保的趋势，提供更为质优价廉的绿色的装备与产品；数字化、网络化、智能化不断深入发展，设计制造的模式向高度智能化方向积极推进。

1. 系统复杂化

随着机械制造从单一功能向多功能集成、从单机性能向系统性能综合、从专门学科领域向跨学科专业领域融合的不断演进，其设计、制造、测试呈现出复杂性、系统化的发展趋势，带来了以工程科学为基础，实现多介质、多场、多工况交叉融合的制造需求，再加上动力系统、传动系统、操控系统的变革发展，机械制造融合机、电、光、磁、液一体化的高度复杂集成，将结构、性能、能量、控制、信息、人因等设计制造的要素综合统筹，使未来的机械制造出现了系统复杂化的发展趋势。

例如，一些典型大国重器装备的制造，大飞机、航天器、新能源动力装备、智能装备、深潜器、大型天线等，突出地呈现出以机械设计、机电设计、光机电集成设计研究为主，面向极高性能、极端尺度和极端环境设计的要求，揭示非线性影响机理，突破复杂机构设计和复杂机电系统集成设计理论等发展需求的特点。因此，亟待攻克高精度高效率建模、高性能数值仿真、复杂机构的拓扑与参数一体化设计、复杂机电系统动态设计制造、精密制造工艺、核心材料制备等关键技术。由于系统的复杂度越来越高，集成度越来越密，这也为高质量机械制造带来了新的挑战。

2. 可靠耐用性

机械制造的质量集中体现在可靠性、耐用性上，这也是高水平制造的一个典型体现。对质量的要求越来越高同样也是机械制造发展的一个重要趋势。

未来机械制造生产出的装备、产品，其应用环境和使用条件也将随着科技探索的创新、延伸而不断发展。比如在极寒、极热、高湿度、极重、极深、极磁、极污染、极腐蚀、极辐射等极端服役环境下的正常使用，在更加恶劣工况条件下的良好运转，对装备及产品的可靠性、耐久性提出了新的要求，也体现出原材料制备、零部件制造、整体总装、系统测试等方方面面的制造实力。

世界一流水平的机械制造，往往在无故障运行时间、第一次大修时间上遥遥领先。比如，对于商用飞机的航空发动机制造来说，可靠性就是一个涉及安全的重要指标。美国 GE 公司发动机的合格要求是每百万飞行小时发生机毁事故的概率应小于一次，GE 公司还通过采集大量的飞行数据来建立模型，不断改进和完善设计制造，加强后续使用的服务保障。

3. 绿色环保型

在全球资源紧张、环境污染、气候变化、生态恶化等方面的问题日趋严重的形势下，机械制造的绿色、环保将是未来发展的一个重要趋势，因此必须对能耗、排放、噪声、污染等加以有效控制。机械制造需要从设计、制造、材料、使用、报废等诸多方面统筹考虑绿色、环保的可持续发展要求。

比如，属于传统机械制造的工程机械中的装载机、挖掘机、起重机以及各种车辆等运输工具，在结构设计轻量化，环保与低排放，动力源改善，传动、控制、材料和能源回收改善等方面，需要按照节能环保的目标进行优化提升，尤其是“双碳”目标下的整体设计制造，绿色环保的生态化发展是未来制造的一个重要的发展趋势。

在未来制造中应开展技术创新及系统优化，使产品在设计、制造、物流、使用、回收、拆解与再利用等全生命周期过程中，实现对环境影响最小、资源能源利用率最高、对生命健康与社会危害最小、经济效益与社会效益协调的绿色环保发展目标。

4. 制造智能化

信息技术与制造技术的紧密融合，带来了机械制造的颠覆式革命，推动了工业制造从机械化、电气化向自动化、智能化快速发展。

在全球新一轮科技与产业革命到来之际，大数据、云计算、物联网、数字孪生、信息物理系统(CPS)、工业互联网、智能制造、人工智能等的迅猛发展，使机械制造走上智能化的发展之路。

全球各国纷纷瞄准先进制造的智能化方向，布局未来战略发展。美国制定重振先进制造业的发展战略，大力发展工业互联网，创建制造业创新中心，出台《先进制造业美国领导力战略》(2018)、《先进制造业国家战略》(2022)等；德国推出工业 4.0 战略，推进实施《国家工业战略 2030》(2019)，发展智能制造工厂、智能制造车间等；日本加快推进“互联工业”，出台《日本制造业白皮书》(2022)，基于当前其制造业发展态势以及重点领域，通过“工业价值链计划”等举措积极推动制造业发展。

制造智能化的趋势，将进一步加快信息技术在传统制造领域的“赋能”运用，工业机器人、人机结合、机器学习、深度学习、人机共融与协作、混合现实、区块链等正在颠覆着机械制造的传统模式，对先进制造的未来发展产生了根本性的变革影响，人-机-物-信息的一体化综合智能融合将使未来的制造智能化不断走向新的发展阶段。

二、机械制造领域核心技术瓶颈分析

我国机械制造与世界发达国家相比，虽然取得了规模、效益、质量、水平上的显著进步，但在制造装备、核心零部件与关键基础件、精密制造工艺、重大仪器测试设备等方面仍然存在着明显的短板，存在被“卡脖子”的风险隐患。

(一) 制造装备

1. 发展现状

制造装备是制造的“工作母机”，制造装备的制造实力和水平体现着一个国家工业制造的基本能力。例如，机床在机械制造中占有重要的基础地位。我国机床行业起步早，但发展较缓慢，迄今为止虽然在中低端机床制造中取得了一定的进展，但在高端机床，特别是高档数控机床方面，与世界一流水平相比仍存在较大差距，制约着先进制造的创新发展。

据美国 Gartner 统计，全球机床产值从 2020 年的 730 亿美元增加到 2021 年的 850 亿美元。而中国机床 2021 年产值达 194.2 亿美元，占全球市场份额的 23.1%；德国、日本产值分别为 140 亿美元和 129.9 亿美元，位居全球第二和第三，在全球市场中的份额分别为 16.6%和 15.4%。中国、德国和日本三个国家占据了全球 55.1%的份额。我国中、低端数控机床的国产化率分别为 80%、60%，但高档数控机床则只有 6%。全球高档数控机床被美国、日本、德国等国家(或地区)的公司占据高端地位，如美国哈挺、格里森等公司，日本发那科、山崎马扎克、大隈、牧野等公司，德国德马吉公司等。

我国机床行业在“一五”期间布局了 18 家国有机床厂，迄今仅济南第二机床厂存活；此外有“7 所 1 院”等研究机构，大多数被融化消解。其余的如沈阳机床、大连机床、北京机床所、秦川机床、重庆机床、杭州机床等，曾经有过国际化并购追赶的发展历程，但始终未能在高端机床领域脱颖而出。近些年，仅大连光洋在五轴数控机床、控制系统、转台、力矩电机等方面独树一帜，我国亟待加快发展以中国通用技术集团为代表的机床企业，弥补制造装备的瓶颈短板。

2. 高端数控系统严重依赖进口

当前高端数控系统大部分来源于进口。根据《2019—2025年中国数控系统行业市场研究及发展前景预测报告》可知，目前国际市场上的中、高档数控系统专业生产已逐渐集中到日本发那科和德国西门子两家企业。这两家企业在中、高档数控系统产业的市场占有率高达80%，它们拥有控制高速、高精加工的关键技术，其产品能与机床进行较好的匹配。我国数控系统技术的发展还无法完全满足高端机床的应用需求。尽管五轴联动系统已有华中数控、科德数控实现国产化，其部分核心参数与国外数控系统接近，但由于可靠性还需时间验证，短期内仍需要进口，国内企业往往不得不接受进口的高昂的价格。

以科德数控的GNC60数控系统为例，在基本功能方面，GNC60的核心参数、系统功能与外资产品基本相当；在硬件构架方面，GNC60的资源及开放性优于外资产品；在价格方面，GNC60的同等功能配置售价更低。但在高档数控机床方面，五轴联动数控机床其他关键部件存在被“卡脖子”情况，部分核心关键部件的加工精度、可靠性不足，数控系统功能也相对落后。

3. 主轴速度、功率和扭矩研发能力不足

主轴是机床上带动工件或刀具旋转从而实现机床切削加工的

核心部件，也是机床实现高速化的重要保障，分为机械主轴及电主轴。机械主轴使用较早，特点为转速低、切削能力强、精度低；电主轴为近些年的新兴技术，特点为转速高、精度高、体积小、适应性强。近年来，日本的马扎克、德国的德玛吉等高端机床制造企业的产品的标配全部为电主轴，可见电主轴替代传统机械主轴将是数控机床主轴发展的主要趋势。

目前，全球主轴行业的领先企业主要集中在欧洲、日本等地，其中欧洲的电主轴制造商凭借强大的研发实力、优异的产品性能、悠久的生产历史和较好的业绩口碑，在电主轴的不同应用领域均占据了重要的市场份额，代表了世界最高水平，比较著名的公司有瑞士的 Fischer、德国的 Kessler、英国的西风等。国内目前能生产高品质的主轴的公司不断增加，涌现出了国机精工、昊志机电等民营企业，国产主轴可以部分替代进口主轴。未来我国企业还应该加强主轴速度、功率和扭矩等方面的研发。

4. 刀具供应服务能力严重不足

在刀具行业中，按照发展阶段、技术水平、市场策略等方面的差异，可以将刀具企业分为三类，即欧美企业、日韩企业和中国本土企业。

以山特维克集团、肯纳金属公司等为代表的具有全球领导地位的欧美刀具制造商技术实力雄厚，产品系列丰富，以开展切削加工整体解决方案为主。在高端应用市场，尤其是航空航天、军工领域，其他竞争对手与欧美企业的差距明显。

以日本三菱、日本泰珂洛、韩国特固克等为代表的日韩企业的刀具，尤其是日系刀具，在我国进口刀具中的占比最大。日韩企业的市场策略以批发为主，故其产品在国内五金批发市场非常普遍，且价格略贵于国产刀具。

国内刀具企业数量众多，实力差距大，大部分以生产传统刀具为主。近年来，随着我国制造业升级，我国刀具企业正在进行产品结构调整，部分优秀企业的研发成果在市场竞争中得到检验，比如华锐精密、欧科亿、株洲钻石等。国内企业主要通过差异化的产品策略和价格优势来挖掘细分市场的份额，并逐步积累自身技术实力，对头部企业形成追赶之势。整个切削刀具市场形成了欧美和日韩刀具企业在中高端刀具领域垄断竞争、国内刀具企业在细分领域逐步追赶的竞争格局。但是我国企业面临的实际挑战短期内难以改变，即我国制造业转型升级急需的现代高效刀具供应服务能力严重不足，低端标准工量具产能过剩。

（二）核心零部件和关键基础件

机械制造的核心零部件主要包括芯片、传感器、控制模块、接插件、密封件等，而关键基础件主要包括轴承、齿轮、液气密件、特殊构件等。我国的核心零部件和关键基础件在自主制造上取得了一定的进展，但在高端芯片、高端传感器以及高性能轴承、高性能齿轮、高质量的光机电液气密件等制造方面仍与世界一流水平有较大差距，存在被“卡脖子”的隐患。

1. 缺少完善的产业配套能力

以传感器为例，传感器作为先进制造和工业制造智能化的神经末梢，由于种类众多、用途广泛、制造跨度大，加之限于规模化、柔性制造需求、成本与效益统筹等因素，很难与重大装备制造同步发展，而需要采取细分、集约、精准的制造模式。比如，德国既有唯一上市的传感器公司西克，也有大批中小型传感器企业，形成了合理的零部件制造布局；日本在制造工业品的同时，将集成电路、光刻胶、传感器、机器人的伺服电机、减速机等重要的核心零部件和材料制造同步推进，形成了完善的配套能力，占据了先进制造的高端地位。

2. 缺少自主研发能力

在工程机械制造方面，我国 2010 年以来才逐步在液压油缸、大吨位发动机、高端底盘等核心零部件和装备整机制造上推进国产化，而部分高端零部件仍依赖进口，国产零部件离“用得好”还有差距。

为此，我国不仅需要解决高端芯片制造、重大制造装备等方面的主要瓶颈问题，也需要在传感器、高压柱塞泵、核反应堆主泵密封、高压大流量多路阀、高性能轴承等关键基础件制造上予以高度重视，通过自主创新逐渐实现国产替代，进一步巩固我国先进制造的坚实基础。

(三) 精密制造工艺

精密与超精密制造是制造加工的一个重要环节和关键阶段，对机械制造装备和产品的性能、指标具有重大影响。其主要包括降低工件表面粗糙度、提高加工精度、获得高精度或超高精度的制造效果，以达到在极端尺度、超常规材料加工、恶劣服役环境下进行制造生产的目的，对制造质量、可靠性、功能性能起着非常重要的决定性作用。

航空发动机涡轮叶片的制造，其精度和表面完整性决定了发动机的性能和效率。广泛用于航空航天、机械运载等领域的陀螺仪，其制造的核心零部件激光反射镜、陀螺腔体、非球面透镜等制造精度直接决定了导航精度。雷达中的天伺馈部件、收发组件、机电液旋转关节、高功率微波薄壁件等制造，需采用高效无损切削、精密塑性成形、精密铸造技术、激光高能束加工、深空加工等精密工艺技术，以保障雷达性能指标达标。大型天线的高精度制造，要采用高精度面板制造技术，减少涂装工艺误差，解决焊接变形、精度检测等问题，而这些均需要达到微米级的制造工艺水平。此外，微封装的微波部件超精密加工、高频段馈源网络精密加工、复杂构件炉钎焊等，均需要精密加工制造的工艺技术。

我国在精密超精密制造领域虽取得了长足发展，但与世界发达国家相比仍存在很大差距。全球精密制造目前的形状精度为0.1～1 μm、表面粗糙度Ra为0.01～0.1 μm，超精密制造的形状精度为100 nm以下、表面粗糙度Ra为10 nm以下。美国在20世纪50—80年代，已率先发展了以单点金刚石切削为代表的精密加工技术，研制出精密加工机床，用于铜、铝金属加工。20世纪90年代，美国、日本、德国等研制的超精密金刚石磨削技术及磨床，可加工硬质金属和硬脆材料，设备精度接近纳米级；研制出超精机五轴铣削和飞切技术，可加工非轴对称、非球面等复杂零部件，并不断向原子级加工精度逼近。近年来，世界发达国家在精密超精密工艺方面已实现纳米级极薄层稳定切削、磨削、研磨等技术，表面粗糙度在 9 nm 以下，能制造出精度为 2.5 nm、表面粗糙度在 4.5 nm 以下的集成电路芯片。

为此，我国亟待在自主研制精密超精密机床、多能场辅助超精密加工、复杂曲面零部件制造等方面加大研发力度，缩短与发达国家在工艺技术、加工装备上的明显差距。

(四) 测试仪器设备

测试仪器设备是工业制造的重要辅助工具，在高质量制造过程中占有重要地位。没有先进的测试仪器设备，高质量、高水平的制造就缺乏测试测量的根本保障。

全球高端测试仪器的生产制造主要被美国、日本、德国等占据，我国每年进口近千亿美元的仪器设备，90%的高端仪器设备基本依赖进口。比如核磁共振仪，德国的布鲁克公司占据了中国 80%以上的市场。冷冻电镜，全球只有美国 FEI、日本日立等公司生产制造。美国安捷伦、赛墨飞等公司占据了质谱仪市场高端电子显微镜的制造。全球顶尖的原子纳米级全息电镜出自日本日立公司，该公司制造的大型衍射光栅刻划机的最高刻划精度达 10 000 g/mm。日本 JEOL 公司研制出的新一代冷场发射球差校正投射电镜 JEM-ARM300F，在电子显微镜领域领先全球。日本 Sodick 公司研制出世界首台纳米级慢走丝电火花加工机。全球 70%的精密加工机床基本采用日本 Metrol 公司研制的最高精度的微米级全自动对刀仪。高端医疗器械中的 CT、核磁共振仪、大型 X 光机，被美国 GE、荷兰 PHILIPS、德国 SIMENS 公司所垄断。根据 2021 年全球科学仪器行业排名 TOP10 统计，美国占 6 家、欧洲占 3 家、日本 1 家，无一家中国企业。中国有仪器设备企业 1 000 多家，大部分产值低于 1 000 万元。

我国从 20 世纪 50 年代开始研制电子显微镜，1958 年研制出第一台投射电镜，1959 年研制出四极质谱探漏仪，2006 年自主研制出用于科学分析的质谱仪。近年来，华大基因通过自研和收购研制出可量产的临床用基因测序仪，上海联影医疗推出首台超高场磁共振系统，自主创新向高端测试仪器方向加快迈进，力争扭转我国科学测试仪器设备依赖进口的不利局面。

三、机械制造领域技术突破的主要思路

要突破机械制造领域核心技术的瓶颈，需结合我国发展实际，进一步夯实先进制造的学科基础、研究基础及工程基础，提升先进设计水平；加快重大制造装备自主创新替代，增强关键零部件的自主制造能力；提高制造工艺和质量水平，弥补高端测试仪器设备的明显不足；以技术研发的自主创新为突破，带动整机研制、工程量产与企业制造、行业振兴的有序衔接，实现创新链、产业链高效协同，不断推动制造强国战略迈向新的台阶。

（一）复杂系统设计

设计是制造的前提，先进设计为高水平、高质量制造提供了坚强保障，是实现装备与产品功能、性能、质量可靠性的先天条件。

随着机械制造不断向数字化、网络化、智能化的趋势发展，装备和产品制造越来越呈现出复杂系统综合集成的典型特征，对设计提出了更高的要求，先进设计也成为复杂机械制造的重要前提。

美国很早就开始注重先进制造的设计，林肯实验室、喷气推进实验室、国防高级研究计划局(DARPA)及 14 家美国制造业创新中心等研究机构，在复杂机电装备、先进武器以及新概念装备的设计研发方面居于全球前列，通过先进设计制造的发展，实现了前沿重要装备在全球的领跑。美国 IDEA 奖、德国红点奖和 IF 奖是世界知名的三大工业设计奖，法国图卢兹研究中心、日本电子装备研究所等均对航空航天装备、电子装备的设计研制投入很多人力和资金，推动了先进制造的创新发展。

当前，装备和产品制造中的机、电、光、磁、液等多物理场、多域、多尺度、多设计要素的融合、优化、统筹，需要多学科交叉的系统理论支撑，解决从系统到子系统、整机到模块、核心零部件到总装调试的一系列设计制造环节中的集成问题。例如，在汽轮机设计制造中，设计过程涉及机、电、液、控、热等多学科、跨领域的知识，一片看似简单的汽轮机叶片的设计变量多达 80 余个，约束条件有 300 多个，设计难度非常大。而在真正制造使用后不断更新升级的过程中，还需对大量的运行数据进行采集、分析并重新修改设计。西门子设计升级新一代汽轮机，采集了 8000 多台运行中的汽轮机的传感数据，每台每天的数据量高达 30 GB，构建了 2 万多个模块，在 8 个月内完成了新的更新升级设计。

复杂系统设计主要包括三个方面：一是多要素综合集成的复杂

度越来越高，系统设计应充分利用信息通信技术、大数据、人工智能以及高端设计软件工具以应对复杂系统设计的更高要求，需要集成机械、电气、通信、控制、流体等多要素耦合设计，重点发展智能设计系统。二是设计工具的自主研制势在必行，我国高端知识型设计工业软件在自主研制、市场推广方面还较落后，而高端工业软件对整个工业发展、机械制造的创新推动、质量提升至关重要。研发模拟、仿真、分析等高端制造亟须的知识型软件，是解决先进制造核心技术瓶颈问题的先决条件。三是要以复杂系统设计为前提，通过软件工具、大数据、传感系统、人工智能等技术支撑，将装备与产品的设计、制造、装配、测试、服役、维护等全生命周期的发展融为一体，推动数字孪生技术、工业互联网、信息物理系统(CPS)、智能制造的深度融合与应用。

为此，我国首先应针对机械制造领域的机电强耦合、光机电热磁液的一体化设计新需求，构建国家战略科技队伍中的先进设计团组，打造智能设计系统平台。其次，要积极面向极高性能、极端尺度和极端环境设计实际要求，融机械、结构、传热、电气与电磁等多学科设计于一体，突破复杂机构设计和复杂巨系统集成设计理论，攻克高精度高效率建模、高性能数值仿真、复杂机构的拓扑与参数一体化设计等关键技术，研制具有自主知识产权的机电热磁等综合分析与设计软件，打破国外垄断。再次，要以知识型软件实现设计与制造的仿真、模拟、校验、修改等数字孪生技术的 CPS 系统支持，与先进制造的全要素、全流程紧密匹配，研制先进的复杂系统设计方案和设计软件执行工具，实现复杂系统设计的优化、统筹、协同，不断提升复杂系统设计水平，为先进制造创造有利条件。

（二）重大制造装备

制造装备是先进制造的根本保障，没有强大的制造装备，机械制造的转型升级、创新发展就缺乏“制造母机”这一基本支持，成为“空中楼阁”，无法保证高质量、大规模的生产制造，如高档数控机床、光刻机、超大型构件及大规格复杂构件等重大制造装备等。

在我国“高档数控机床与基础制造装备”科技重大专项的大力支持下，广大机床企业、用户企业、高校和研究院所通力协作、攻坚克难，取得了重大制造装备领域的一系列重要成果和关键突破。其中，8 万吨大型模锻压力机和万吨级铝板张力拉伸机等重型设备的成功研制，填补了国内航空领域大型关键重要件整体成形的技术空白。大型燃料贮箱成套焊接装备成功应用于“长征五号”等新一代运载火箭。在航天领域建立的首条采用国产加工中心和数控车削中心的示范生产线，已应用于新一代运载火箭、探月工程等 100 余种、10 000 余件关键复杂零部件的加工，取得了显著的经济和社会效益。数控锻压成形装备的产业化成效显著，其中汽车大型覆盖件高效自动冲压生产线达到了国际领先水平，在国内的市场占有率超过 70%，在全球的市场占有率超过 30%。

随着我国中高档数控机床水平的持续提升，行业的创新研发能力不断增强，专项实施之初确定的 57 种重点主机产品，目前已经有 38 种达到或接近国际先进水平。其中，龙门式加工中心、五轴联动加工中心等制造技术趋于成熟，车削中心等量大面广的数控机床形成了批量保障能力，精密卧式加工中心等高精度加工装备取得重要进展，初步解决了机床用关键零件的加工需要。

因此下一步应结合我国对重大制造装备的实际需求，加强我国高档数控机床、重大制造装备的自主研制、量产、推广的力度，从基础原理上重点解决超高精度数控机床整机制造、高端自主数控系统研制、机床可靠性保障技术等突出问题，攻克动态补偿技术、精度保持技术、精密成形加工技术、在线精密检测技术、光刻技术制造等难题；突破超大型构件均质成形制造装备、大型复杂构件高性能短流程近净制造装备、大规格高品质活泼合金锭坯制造装备以及高端电子制造装备、微纳制造装备、精密制造装备等自主研制和量产推广的瓶颈；着力推动我国重大制造装备的自主研制及应用再上一个新台阶，不断缩小与世界发达国家的差距，弥补重大制造装备方面的不足。

(三) 关键基础件制造

关键基础件是先进制造的基础，高性能轴承、齿轮、液压元件、气动元件、工业传感器、控制器以及机器人制造的减速机、伺服电机等零部件，对高端机械装备和产品制造的性能、质量、可靠性等有着决定性的影响。“根基不牢，地动山摇”，关键基础件是机械制造的重要基础，其应用量大面广、持续效力强，一个关键点的突破往往带来行业产业的根本性变革；其创新性强、覆盖面广、根植性深，难以简单模仿和超越，需要扎实深厚的工业基础、长期设计制造的实践积累，才能在质量和水平上进入一流水平行列。

零部件制造与设计、材料、工艺等密切相关，是机械制造整体质量与水平的一个缩影。发达国家依靠其长期的工业积淀，打下了基础零部件制造的扎实根基，并不断在材料、工艺、质量上创新提升。

例如，高性能轴承、高端液气密件、各种光机电液插拔件、各种精密传感器、机器人用高精密谐波减速器、控制器、伺服驱动器、专业伺服电机等，均被美国、日本、欧洲等国占据主流地位，并持续在新材料、新部件上更新换代。

2019 年，日本东丽公司、帝人公司向市场投放研制成功的新型碳纤维，供应“热硬化性”“热可塑性”复合材料，将成本降低了一半，并扩大了新材料的应用覆盖。法国激光和精密光学公司 CILAS，利用压电技术制造的光学元件，与激光导航系统一起使用，实现了大型望远镜的大气湍流波前变形校正。2022 年，美国能源部授予 QuesTek 公司设计、鉴定新型材料和 3D 打印工艺的资金。英国罗尔斯•罗伊斯公司制造的全球最大的涡轮风扇，装备配到新型发动机上，可减少 25%的燃油消耗和排放，减重 700 kg，能大大提高飞机的推力和性能。

我国关键零部件制造亟待补足高端产品在设计、材料、工艺上的不足，加强基础学科原理研究，推动跨学科、跨领域交叉研制，紧密结合先进制造的实际，以重大需求为导向，夯实零部件制造基础，为先进制造提供强大的基本保障。

为此，应进一步加强我国关键基础件的研发和设计制造，在“工业强基”推动下，研发高性能、高可靠性、长寿命的关键基础件，包括重要行业的高性能轴承、流体传动部件、齿轮、刀具等，以及液气密件、特殊用途复合材料构件、旋转关节、汇流环等。还应主要解决重大装备及主机产品中的基础配套件及填料密封、传感器等核心基础件依赖进口的问题，攻克机器人用减速器、控制器、伺服电机以及数控机床等装备制造需要的步进电机等重要零部件，保障重大装备制造生产的基础支撑。此外，要增加“液气密件”“机电磁液旋转连接件”“传感与控制件”等国家重点实验室，整合已有机电系统、机械传动、流体动力、精密轴承等研制任务的国家重点实验室，建立联盟式的关键基础件国家科研力量，加快“关键基础件”的重大战略需求科技攻关。

(四) 精密制造工艺

制造工艺是在制造过程中，利用工具和设备将原材料进行加工或处理的方法、技术和规范，是制造经验和知识的累积与结晶。高水平的工艺能够保证产品的高质量和高性能，且具有一定的相对稳定性，并随着技术进步和装备更新不断改进。精密制造工艺与原材料特点、制造装备水平、性能质量标准、知识经验积累等有着十分紧密的联系。

机械制造过程主要包括毛坯铸造锻造、冲压、热处理、切削、零件加工、焊接、装配、检验、测试等环节，其中包含着生产准备、动力供应、专用夹具和量具制造、运输保管、加工设备维修等辅助制造环节。而机械制造工艺一般包括铸造工艺、切削加工工艺、焊接工艺、塑性成形工艺、热处理工艺、装配工艺等，主要涉及制订工艺规程、实施工艺设计、实现加工精度、保障表面质量、实现精准装配等，其实质是运用制造装备进行高质量、高水平加工制造的方法、技术和规范，也凝结了一线制造工匠长期在制造过程中的知识和经验，从而能够保证生产制造的质量达到设计规定的性能。

我国在精密制造工艺上与发达国家相比具有较大差距，不仅因为在高档数控机床、重大制造装备等精密制造母机功能、性能上的差别，也与制造技术、方法以及制造工匠知识经验的欠缺相关，亟须补齐“硬件”制造装备和“软件”知识经验上的双重缺陷。

为此，要攻克精密超精密加工中非球面、纳米级面形精度、亚纳米级粗糙度、近零缺陷表面的精密加工工艺，提高元器件精密制造水平。要研究破解流固热电磁光多场耦合设计、抗疲劳制造、故障诊断及修复等难题，攻克高性能、高精度、高可靠性制造及产品长寿命周期中的核心技术，提升自主制造工艺水平和制造能力。要突破复杂自由曲面超精密加工以及切、磨、抛加工工艺难题，加强基于流场、磁场、电场、超声场、光场等多能场辅助超精密加工工艺手段研发，开发放电制造、电化学制造、多能场复合制造的技术攻关，推动精密超精密制造不断更新升级。要研究电气互联、表面组装技术(SMT)、光电互联、电子封装以及光刻、离子注入、键合、刻蚀、溅射等电子装备制造核心技术，提升电子装备制造工艺水平。

(五) 高端仪器设备

科学仪器设备是认识世界、探索规律的重要工具，是开展先进制造测试、测量、计量、调校的基本保障，在很大程度上影响着生产制造的质量、标准、效能和效率。

全球高端测试、测量、计量、分析仪器设备主要被美国、德国、日本所占据，我国在重大仪器设备上的自主研制仍存在短板，高端仪器设备的关键核心部件如 CPU、FPGA、DSP、高速 A/D 变换器、分子泵、光栅、激光器、光电倍增管、各种探测器和传感器自主研制程度低，高端通用仪器如电镜、冷冻透镜、核磁共振测试仪、色谱质谱联用仪、高端数字存储示波器以及高档医疗器械等基本依赖进口。

根据日本产业机械工业协会 2019 年发布的《美国测试和测量设备市场的动向与展望》报告，在通用测试测量设备领域(主要包括高性能示波器、信号发生器、数字多路复用器、逻辑分析器、频谱仪、网络分析器、功率计、模块检测等)，美国占全球市场份额的 37%。其中的物理分析、化学分析、测量设备出口居世界第一，主要企业包括 Keysight Technologies、Fortive、Teledyne Technologies，且中国是美国测试测量设备的最大出口市场地，德国是美国最大的进口来源国。在计量分析仪器领域(主要包括 FTIR 光谱仪、无机微量分析仪、LC 质谱仪、GC 质谱仪、表面分析仪、核磁共振仪等)，主要企业包括 Agilent Technologies、Thermo Fisher Scientific、Danaher Corporation，其中生命科学分析仪器占比较大。

为此，我国亟待布局高端仪器设备的自主研制与量产，着力研究超精密激光测量技术与仪器、超精密光电仪器技术、超精密加工测量一体化技术、超精密仪器系统智能化等超精密光机电一体化测量关键技术，促进我国超精密测量仪器的自主研发和配套，填补高端仪器设备研制、生产的空白，加快该领域国产设备从中低端向高端的逐步替代和自主发展。

我国机械制造高端制造领域瓶颈突破的路径图如图 4.1 所示。

目标层	需求	满足机械制造智能化的需求			
		满足日益增加的制造装备、核心零部件与关键基础件、精密制造工艺、重大仪器测试等机械制造高端制造的需求			
	目标	推动制造强国战略迈向新的台阶			
		带动整机研制、工程量产与企业制造、行业振兴的有序衔接，实现创新链、产业链高效协同			
实施层	应用技术	发动机	陀螺仪	工业机器人	先进武器
		数字孪生	微纳制造装备	电气互联	…
	基础技术	工业母机	高端芯片	高端传感器	高性能轴承
		高性能齿轮	高端数控系统	精密加工技术	…
保障层	政府支持	加大对关键核心产品研发、生产的投入和引导			
		加强国企与民企的协作协同，激励多种形式的自主创新、技术发明			
	产业链保障	加强产业链、供应链的结构优化和统筹协调			
		构建自主创新发展体系			

图 4.1　我国机械制造高端制造领域瓶颈突破的路径图

第五章　航空航天高端制造领域瓶颈分析

航空航天领域的制造主要包括运载火箭、卫星、空间飞行器、飞机等，具有制造系统复杂度高、制造技术与装备难度大、区域制造业辐射面广的特征，是一个国家的高端装备制造核心竞争力、整体经济实力的重要体现。我国航空航天制造与国际先进水平相比，具有自身的特色与优势，但在先进制造技术、装备上仍有一定差距，面临发达工业国家的激烈竞争。

一、航空航天领域核心技术总体情况

（一）航空航天制造行业概况

1. 行业简介

现代航空航天事业经过 100 多年的艰难发展，已成为当前活跃度高、技术含量高、影响力大的前沿领域。该领域所取得的一系列重大成果，标志着人类文明发展不断达到的新高度，集中体现了当今全球科技发展的综合水平。

航空航天业主要分为航空业和航天业。

航空是飞行器在地球大气层中的航行活动，航空器飞行必须具备空气介质和使其产生运动所需的升力与推力。航空按其使用方向，通常可分为军用航空和民用航空。军用航空泛指用于军事目的的一切航空活动，主要包括作战、侦查、运输等，在现代高科技战争中，夺取制空权是取得战争胜利的重要手段。军用飞机一般分为作战飞机和作战支援飞机，典型的作战飞机有战斗机、攻击机、轰炸机等，作战支援飞机包括运输机、预警机、侦察机等。民用航空指为国民经济服务的航空活动，分为商业航空和通用航空。商业航空一般指国内和国际航线上的客货运输，通用航空指用于公务、工业、农林、勘探、救护和观光游览等方面的活动。

航天是飞行器在大气层之外的空间飞行活动，从地球表面起飞必须摆脱地球引力，航天器依靠发动机喷射提供的反作用力推进飞行器飞行。航天器有运载火箭、人造卫星、空间飞船、空间站、空间探测器等。运载火箭按用途可分为探空火箭、运载火箭和火箭武器。卫星按应用可分为观察卫星、中继卫星和基准卫星。观察卫星的任务是对地面、空中的目标进行观察；中继卫星的任务是在空间起无线电信号“接力站”的作用；基准卫星是起导航作用的，同时可作为大地测量和目标定位的基准站。空间飞船是往返地面与空间站的运输器。空间站是航天员长期工作和居住的航天器。空间探测器按其探测对象可分为月球探测器和深空探测器等。

我国航空航天工业在工业基础较为薄弱、科技水平相对落后的条件下起步，经过几十年的艰难发展，建立了完备的科研生产体系，形成了富有成效的系统工程管理体制，培养造就了德才兼备的人才队伍，孕育积淀了深厚博大的奉献精神，走出了一条适合国情、符合自身特点的创新发展之路。我国已成功发射了长征运载火箭 260 余枚、各类人造卫星近 300 颗，完成航天员出舱活动、载人交会对接、月球表面巡视考察、火星探测等重大航天任务。航空航天工业领域所取得的这些重要成果，标志着我国已进入世界航空航天工业大国之列。

2. 产业特征

(1) 系统复杂程度高，结构复杂。

航空航天产品应用领域的特殊性，导致航空航天制造业呈现系统高度综合的产业特点，系统间构成了复杂庞大的关系网并在精度上有高标准、严要求。航空航天制造产业零部件种类繁多，零部件数量达到 500 万量级。而且，零部件之间相互联系，要求具有很高的协调性。

(2) 多品种、变批量和定制化。

航空航天产品包括飞机、发动机及各类机载设备等，品种多，型号谱系和批次多达几十种，但单一型号的飞机年产量却往往不超过百架。这个特点对数字化生产线的建立有很大的制约，增加了生产体系的构建难度和运营成本，同时对生产设施的高度柔性化和智能化，以及生产运营过程的精益化提出了很高要求。

(3) 生产制造过程工艺路线长，产品制造和装配要求高。

作为高价值产品，航空航天产品工件生产制造工序多，误差积累的环节多。航空航天行业的机械加工往往需要突破零部件尺寸大、结构复杂、刚性弱、材料难加工和加工精度要求高等一系列复杂制造难题。航空产品装配过程以人工为主，大部件精准对接、表面接插控制和零部件协调操作对操作人员来说操作难度大。在制造数据管理中，产生的数据模型体量庞大，从时间与准确性上对数据控制有严格要求。

(4) 生产组织管理复杂，供应链协同难度大。

航空航天产品从设计试验到生产制造，跨越产业链不同的企业，这些企业的地理位置分散，它们之间的合作属于典型的跨企业、跨地域协同，因此负责生产的单位层级多，配套链长，产业链协同难度较大，不方便管理。另外，成品供应商遍布世界各地，联系也不便。供应链、产业链难以协同一致是航空航天制造业发展的主要瓶颈。

(二) 航空航天高端制造的地位与作用

航空航天制造工程是航空航天高科技产业的重要组成部分。航空航天工业就其行业性质来说，是属于制造业范畴的。现代航空航天制造技术是集现代科学技术成果之大成的制造技术，远远高于一般机械制造技术。

进入 21 世纪，航空航天已展现出更加广阔的发展前景，高水平或超高水平的航空航天活动更加频繁，其作用将远远超出科学技术领域本身，对政治、经济、军事以至人类社会生活都会产生更广泛和更深远的影响。

航空航天产业是国家综合国力的集中体现和重要标志，是推动国防建设、科技创新和经济社会发展的战略性领域。航空航天的先进性代表着一个国家的科学技术实力，属于战略性先导产业。

(三) 航空航天领域技术热点

1. 关键制造技术

为显著提高航空航天产品制造的可靠性，缩短研制周期，降低制造成本，近年来着重发展了关键零部件精密与超精密加工、轻量化金属材料极限成形、高强度和高性能轻合金集成制造、复杂金属构件增材制造、难焊金属固相和高能束焊接、激光表面微细处理、高效精密电火花加工、复杂复合材料构件制备与成形、严酷环境耐磨和耐蚀表面镀膜、光学元件各类膜层制备、大型构件自动涂装、空间环境热控和隐身涂层、电子元器件微组装、精密组件装配和大型部件自动对接装配、新型检测与试验等关键技术。

2. 主要制造装备

高性能、高精度加工设备是航空航天先进制造的硬件基础。航空航天工业企业与国内相关研究机构先后开发了蒙皮拉形、喷丸成形、超塑成形、热蠕变成形、旋压、管件连接成形等设备，航天舱体、飞机机翼、飞机机身自动化钻铆装备，火箭级间段、头锥、整流罩、热防护罩、飞机机翼、机身等复合材料大型构件自动下料、自动铺带、纤维自动铺放、自动缠绕、热压成形等设备，火箭贮箱、飞机机身壁板、风扇盘、高压压气机转子和涡轮盘等搅拌摩擦焊和惯性摩擦焊设备，飞机大部件对接总装、火箭舱段总对接、商用航空发动机精密对接装配等自动化对接装备，火箭、卫星、飞机、发动机等关键零部件增材制造设备。这些装备的开发与应用，大幅度提高了航空航天产品研制生产保障能力。

(四) 航空航天领域核心技术发展趋势

航空航天装备和产品具有轻量化、多功能、集成度高、系统性强、可靠性高和服役环境严苛等特征，其研制生产特点为周期短、品种多、批量小、协作广、费用高。因此，协同、柔性、高效、稳定和低成本的制造技术是航空航天制造技术的发展趋势。

新一轮科技革命和产业变革已经到来，世界发达国家纷纷将发展航空航天技术作为增强综合国力、占据主导地位的重要手段，一些发展中国家也把发展航空航天技术当作一项重要的国策，作为加速经济发展、增强军事实力和追赶世界一流水平的“加速器”。

我国航空航天制造业是与发达国家水平较为接近的产业之一，是中国制造能够率先实现由“大”到“强”的重要产业之一。航空航天制造技术与装备的发展，应以国家航空航天重大工程应用需求为牵引，以国家智能制造创新发展为契机，开展智能制造技术与装备发展前瞻研究，制定和实施合理可行的技术发展规划，加快突破目前困扰航天航空制造业的关键技术，全面提升航空航天科技工业先进制造能力，率先实现由“大”到“强”的目标，跻身世界先进制造国家行列。

目前，我国主要航空航天企业在数字化、网络化、智能化方面积极推进，建立基于模型的系统规划、工艺设计、工装设计的管理系统，构架虚拟与仿真数控编程、CAD 和 CAM 仿真平台以及具有感知和执行特征的智能化生产系统，制定数字化设计与制造标准体系，完善生产数据监控、运行状态数据管理等数据管理系统，强化仿真检测、模型检测的全过程质量管理，实现 PLM、PDM、MES、ERP 等软件系统的互连互通，在数字化装备与产品全生命周期的研发、设计、制造、管理和服务方面，不断向着智能化的方向大步迈进，进一步强化、提升航空航天制造领域的自主创新。

二、航空航天领域核心技术瓶颈分析

航空航天产品具有零部件结构复杂、难加工材料及新型复合材料应用增多、加工装配及测试环节精度要求高等特点。与国外先进制造水平相比，我国在航空航天制造的诸多关键工艺技术领域存在较大差距。加快推动关键制造技术的发展，已成为构建中国航空航天产业智能制造体系的关键。

（一）航空航天成形制造技术

1. 钣金成形技术

钣金成形是航空航天产品必不可少的基本加工方法。在我国，钣金经历了从 20 世纪 50 年代开始被敲敲打打成简单零件，到逐步采用机器锻压制备钣金零件。近二十年，液力成形、蠕变成形、超塑成形、热压成形、强力旋压等大量优质、高效的钣金成形新技术相继出现，并获得广泛应用。但是，与航空航天产品发展的需求以及国外先进成形技术相比，我国在大型和复杂钣金件精准成形方面还存在一定的差距。

2. 铸造工艺技术

铸造目前应用的造型工艺主要是铝、镁合金砂型铸造，钛合金机加工石墨型铸造，具备少量的熔模精密铸造造型工艺；熔炼工艺主要是铝合金旋转喷吹，镁合金熔剂精炼，铝、镁合金变质处理和钛合金真空自耗电极电弧凝壳熔炼，以手工操作为主，少量实现机械式；浇注工艺主要是重力铸造、反重力铸造和离心铸造，反重力铸造实现了自动化控制。

3. 复合材料成形技术

复合材料因具有比强度和比模量高、可设计性强等优点，在航空航天领域的应用范围和用量不断扩大。先进复合材料已成为高性能武器装备不可或缺的基础，其用量也成为衡量武器装备先进性的重要标志。近年来，国内外多种临近空间飞行器(导弹)的研制，也牵引和带动了高性能热结构防热复合材料和隔热材料技术的发展。目前，复合材料制造技术已成为国防产品制造的关键性技术，不仅影响现有结构的制造质量和成本，而且其技术水平直接决定航空航天产品的先进性，对新装备的构型设计起着决定性作用。复合材料产品制造技术涉及多个方面，是集材料、工艺、设备、信息技术等多学科于一体的制造技术，在改进和完善传统工艺技术的同时，正向着低成本化、自动化、数字化方向发展。

(二) 精密超精密加工技术

1. 精密超精密加工

航空航天精密超精密加工技术主要基于惯性器件、伺服机构、卫星有效载荷、各类导引头系统等重点产品和关键零部件，其多数产品部件呈现出中小形态的结构特征，并且具有高精度、微型加工、特种制造等共性元素。与国外先进精密加工水平相比，我国的工艺技术严重滞后，这在很大程度上制约了我国航空航天精密与超精密技术的发展以及应用，具体表现在以下几个方面：

(1) 精密与超精密制造仍停留在单件小批量状态。

我国虽然在某些单项技术上有所突破，但面向产品的集成应用技术程度仍不够；对操作人员的技能依赖性比较高，质量一致性不易保证；精度稳定性与国外先进水平有明显差距。

(2) 高效精密加工技术应用水平较低。

我国虽然引进了部分先进的数控加工机床，但在引进数控设备时，比较关注功能和精度等要求，对研制生产过程中数控设备的配套能力考虑不足。比如相关工艺装备和刀具库的缺失，以及在综合集成应用上远未形成数控加工单元，生产线和数字化车间等整体能力限制了关键设备能力的充分发挥。

(3) 光学零件制造手段相对落后。

我国光学零件制造手段落后，光学制造核心技术亟待突破。需拓宽光学零件制造范围，提高制造精度，使光学零件制造精度和周期满足型号研制生产和未来型号发展需求。

(4) 工艺装备和生产模式在整体水平上仍比较落后。

目前我国航空航天精密零部件的加工生产虽然在部分工序上引进了先进的高精度设备和自动化设备，但在整体上仍呈现出生产效率低下、合格率无法有效提高、生产规模难以扩大、产品的成本难以降低等问题，难以满足未来航空航天事业飞速发展的需求。

针对航空航天精密与超精密加工生产需求和加工技术自身发展的规律，需重点开展以下方向的研究：① 开展复杂薄壁结构件、弹挠性元件等精密异形构件，高强度合金、新型复合材料和硬脆材料等难加工材料的精密超精密加工技术研究；② 围绕“三浮”惯性仪表、高精度石英加速度表、激光陀螺、光学遥感器的关键技术及生产需求，重点开展以超精密车削、磨削、超光滑表面加工等为代表的高效、高精度加工技术研究；③ 开展以伺服阀等精密偶件精密磨削、磨粒加工、在线检测为代表的亚微米级偶件成组互换加工技术研究。

2. 数控机械加工

针对航空航天产品结构复杂、刚度差、精度高、尺寸跨度大、材料难加工等工艺特点，以及多品种、小批量、研制与混线生产并行的生产特点，应开展高速、高效加工等关键工艺和智能制造技术研究，从而大幅降低各工艺环节的人工干预度，提高加工效率与质量的一致性。

(1) 大型薄壁构件“铣削测量一体化”数控加工技术。

应针对运载火箭推进剂贮箱箱底等航空航天大型薄壁弱刚性构件“铣削测量一体化”加工需求，对五轴激光扫描、曲面重构及补偿技术开展研究，解决贮箱箱底工件曲率变化大、成形过程中存在残余应力以及工件装夹变形问题，根据毛坯的实际外形自适应调整刀路。加工过程中，五轴镜像运动协同控制系统保证支撑头始终与主轴头镜像运动，支撑头集成有双曲面壁厚实时测量系统，实时获取工件厚度，并根据加工理论厚度实现贮箱箱底实时闭环加工。

(2) 难加工材料超低温加工技术。

应对钛合金、不锈钢、耐热钢、金属基复合材料等典型难加工材料开展液氮超低温高性能切削研究，重点为局部超低温能场作用下的零件形性分析、超低温切削加工表面完整性分析、温度梯度应力对零件变形的诱导机制，从而揭示超低温冷却条件、切削参数、刀具几何参数与材料对零件加工质量和加工效率的影响规律，为航空航天难加工材料零件加工提供基础理论和基本数据依据，进而提高其效率和质量。

(3) 基于特征自动识别的五轴联动模块化编程。

应针对传统软件中复杂五轴编程菜单层级多、操作步骤多、过程烦琐、易出错、需要耗费大量时间的问题，通过基于特征自动识别的五轴联动模块化编程，集成特征自动识别，自动规划切削方式及路径，并能够自动利用螺旋铣、摆线铣、拐角匀切削量等方式优化走刀路径及切削参数。实现以最少量的输入获得最优化的程序，在提高编程效率的同时保证产品质量的稳定性。

(4) 薄壁细长轴类结构加工技术。

应突破薄壁细长轴类零件的精密高效加工技术，研制出加工所需的配套工艺装备，掌握零件热处理与加工变形控制技术，保证薄壁细长轴类零件加工精度及质量，实现薄壁细长轴类结构在航空发动机上的成功应用。主要研究内容包括：空心薄壁细长轴类零件机械加工工艺、加工装备、热处理工艺、变形控制技术、特种加工工艺、质量检测技术。

(5) 整体叶盘机械加工表面完整性。

突破整体叶盘表面完整性机械加工技术，应掌握难加工材料的切削机理，使整体叶盘最终的加工质量满足航空发动机的设计要求，并形成整体叶盘机械加工工艺控制及质量验收标准。主要研究内容包括：建立并固化整体叶盘表面完整性检测及评价方法、确定工艺参数最优阈值、完成整体叶盘典型件试制、建立工艺控制及质量验收标准。

(三) 特种加工技术

特种加工泛指利用电能、热能、光能、电化学能、化学能、声能及特殊机械能等能量达到去除或增加材料的加工方法，从而实现材料被去除、变形、改变性能或被涂覆等。不同于使用刀具、磨具等直接利用机械能切除多余材料的传统加工方法，特种加工是近几十年发展起来的新工艺，主要用于解决工业制造中用常规方法无法实现的加工难题，是对传统加工工艺方法的重要补充与发展。

1. 电加工

在优化特种加工各项工艺的同时，要引导电加工设备向精密化、智能化与多功能化发展，力求达到电加工设备标准化、系列化与模块化的目的。具体来说，需重点解决型号研制生产中特种材料(高温合金、钛合金、复合材料、陶瓷、玻璃等)与复杂特征结构(小孔、窄槽、缝隙、复杂型腔、复杂流道、交叉孔等)的高效、高精度、高质量加工难题。

2. 增材制造

航空航天产品要实现轻量化，宏观层面上可通过采用铝合金、钛合金、复合材料等来达到目的，微观层面上也可通过采用高强度材料使零件设计得更紧凑和更小型。增材制造通过结构设计层面实现轻量化主要有四种结构：中空夹层或薄壁加强筋结构、镂空点阵结构、一体化结构、异形拓扑优化结构。

增材制造是现代信息技术和制造技术融合的产物，丰富和发展了制造业的内涵，是现代先进制造业的重要组成部分。增材制造技术对提升航空航天产品性能、缩短研制生产周期、降低生产制造成本、提高质量与可靠性具有重要意义。

在增材制造技术中，以将高能激光束作为加工热源的成形技术的发展最为突出。激光因其优良的聚焦性能、易于自动控制、无污染、低能耗等一系列优点，被认为是一种特别适合用于快速成形的有效技术手段。伴随着各种高性能激光器的研发和使用，以及激光设备的制造成本不断降低，激光增材制造技术得到了广泛的重视和蓬勃的发展。

(四) 连接技术

1. 焊接

焊接技术是航空航天产品制造的关键工艺。国外在航天焊接技术方面起步早、投入大、应用广。焊接技术的应用对象涵盖大型铝合金关键密封结构(贮箱、飞船和空间站舱体等)、动力系统(管路、发动机部件等)和其他结构件(适配器、推力传感器等)。搅拌摩擦焊、变极性等离子弧焊等先进焊接工艺已成功应用于大型铝合金关键结构，如推进剂贮箱、飞船密封舱体、空间站密封舱体。在钛合金结构件上，激光及复合焊、超塑扩散焊和电子束焊工艺已广泛应用于航天器用钛合金贮箱或气瓶等结构的精密高效焊接。在合金钢结构件上，电子束焊、激光及复合焊、扩散焊等焊接工艺已广泛应用于液体或固体火箭喷管、燃烧室等部件的精密焊接。碳纤维与高温合金之间的高可靠焊接已成功应用于卫星等飞行器的姿轨控发动机燃烧室制造。

我国在新焊接方法的研究与装备研制方面投入了大量的工作，在常规产品的焊接工艺与设备上逐步缩短了与国外先进水平的差距，在许多技术方面代表了国内焊接领域的先进水平。

我国航空航天产品焊接技术发展重点如下：

(1) 加快搅拌摩擦焊、激光焊等先进技术推广应用。

航天企业将搅拌摩擦焊接技术在铝合金结构上大量应用，实现了运载火箭贮箱全结构的搅拌摩擦焊。激光焊接技术作为一种先进的高能束焊接工艺广泛用于航空航天薄壁结构件的焊接。为提升航空航天产品整体性能，需要进一步推广先进焊接技术在航空航天结构件的应用。

(2) 提高先进结构材料的焊接可靠性。

高强铝合金、金属基复合材料、异种结构材料等制备技术已经成熟，在航空航天结构上大量使用，它的使用可显著减重并提高结构件的性能。这些材料的焊接工艺需要进行深入研究，以提高焊接结构的可靠性。

(3) 提升焊接数字化、智能化水平。

应利用数据库及专家系统技术设计完整的焊接工程应用软件，高效高质量地完成材料焊接性分析、焊接工艺自动设计、焊接工艺流程编制、焊接工艺文件管理及焊接基础数据查询，使自适应控制系统、工艺参数采集系统、生产信息监控系统、设备故障监控系统、工艺专家系统、模拟仿真系统等信息化技术实现广泛应用。

2. 铆接

航天器与飞机的铆接结构形式相似，由蒙皮、桁条、端框、中间框、接头和梁组成，根据需要舱体上还有许多口框、口盖和安装支架。随着航空航天技术的发展以及自动化程度的提高，我国航空航天企业已实现部分舱段打孔和铆接的自动化，部分舱段已应用电磁铆接技术，但与国外先进水平相比，还存在明显差距。

现阶段国内还没有自行研制成熟的自动钻铆机，即自动钻铆技术没有自主的知识产权。国内的航空航天制造行业对自动钻铆技术的应用水平普遍较低，至今没有形成大规模生产的能力，装配对象多局限于组件，在国内自主研制的飞机上还没有广泛应用。航天领域自动钻铆技术应用较少，工艺技术不成熟，需不断积累经验。航天部分院所已实现部分舱段打孔和铆接的自动化，但还存在自动钻铆覆盖率低、钻铆设备通用性差、密封技术落后和复合材料技术研究不够等问题。

通过引入电磁铆接技术，可解决目前生产中大直径铆钉铆接、复合材料铆接、厚夹层铆接方面的问题，为提高铆接产品质量提供新的工艺和技术手段；通过引入自动钻铆技术，针对型号发展方向，重点发展结构密封和密封铆接、复合材料螺接、机器人钻铆及铆接、舱体防热层胶接等技术，这是未来重点发展的方向。

（五）无损检测技术

无损检测在“十三五”期间重点发展了数字化射线和自动化超声检测技术，逐步实现无损检测技术从传统的作业模式向数字化、自动化方向发展，同时结合信息化技术的发展逐步建立航天型号产品检测数据共享系统，全面提升无损检测技术为型号产品服务的能力。

1. 焊缝、铸件 CR 成像检测技术

焊缝、铸件 CR 成像检测技术突破 CR 检测、数字扫描工艺技术，实现运载火箭贮箱、增压输送动力系统导管、级间杆系、战术型号贮气罐、战术型号发射筒、飞机、商用发动机上构件等型号的数字射线检测。具体来说，包括透照参数、成像板、焊接材料、焊缝形式、铸件材料、铸件结构等仿真分析，典型焊缝、典型铸件数字射线检测工艺研究等。该技术广泛应用于航空航天焊接结构和铸造件内部质量检测，其内部质量采用传统的胶片射线照相

检测方式，存在检测效率低、成本高、环境污染严重、胶片存储和查询方便性差、数字化程度低的问题，难以采用基于独立探测器的数字射线检测技术方式，因此需要研究新的射线检测方式进行检测。

2. 金属板材或锻件、电阻点焊接头超声 C 扫描检测技术

应针对不同厚度规格的轻合金金属板材、锻件等开展超声 C 扫描检测工艺方法研究，解决常规手动 A 扫描盲区问题，实现检测过程的自动化、图像化。它包括(多通道)金属板材或锻件超声 C 扫描检测工艺、曲面及复杂形状结构超声 C 扫描自适应扫查技术、点焊超声 C 扫描检测工艺及评价方法、曲面及复杂形状结构超声 C 扫描仿真分析、超声 C 扫描检测缺陷定位、定量统计分析技术及检测标准制定等内容。该技术主要应用于航空航天轻合金板材、锻件、旋压件等的检测。

3. 复合材料无损检测

复合材料的无损检测应考虑到所检测制件的结构特点和工艺特性，有针对性地定制检测方案。由于大型客机中复合材料结构的多样性和复杂性，如封闭式结构、加筋壁板结构、夹层结构等，常规的无损检测手段无法完成所有的检测。因此，复合材料的无损检测包括封闭结构中内梁的检测、R 角区域的检测、泡沫夹层结构的检测。

(六) 航空航天智能制造技术

针对航空航天产品需个性化定制、单件小批量混线生产、高质

量与可靠性要求、生产与技术发展不均衡等特征，应研究智能制造技术在运营管理、生产管理、质量管理等方面的应用，结合新一代信息技术推动智能制造新模式在航空航天企业的作用，促进航空航天制造企业竞争力的提升并加快其转型升级。

1. 基于 MBD 的精益工艺设计平台

针对运载火箭、飞行器、武器系统、飞机、商用发动机等不同型号产品设计制造一体化的需求，应研究基于 MBD 的航空航天产品精益工艺设计平台及应用。重点研究设计工艺协同机制、装配工艺三维设计方法、装配过程数字化仿真、装配现场三维数据使用、三维制造标准规范等基础理论与关键技术。建立一个装配工艺三维协同设计平台和支持环境，开发适用于航空航天产品的三维总装工艺协同设计应用系统，以达到缩短产品研制周期、稳定质量、降低成本的目的。主要研究内容应包括：基于 MBD 的设计工艺高效协同，EBOM、PBOM、MBOM 的构建，装配工艺三维设计与工位布局规划，装配过程数字化仿真和模拟分析，装配数据现场使用和三维展示，三维数字化标准规范体系建设。

2. 基于 CPS 的车间或生产线规划及在线仿真优化

应基于 CPS 技术对工厂物流一体化建模、规划与仿真，并对其进行多情境智能优化，包括工艺布局、物料流转、任务定产、多模式混流等，分析生产线制造过程产生的问题及其生产能力，辨识可能的瓶颈或不平衡，进行优化并给出改善建议。以航空航天产品制造关键工艺过程为对象，基于 CPS 技术建立生产线仿真模型，进行实时在线仿真优化，辨认不同时间跨度上的数据，使多个工序具有时间均衡性，最大限度地减少等待、堵塞现象，同时为生产线规划与快速重组提供决策支持。主要研究内容包括：面向柔性产能的生产线或厂房模块化设计、基于 SLP 方法的物流设计与布局规划、生产策略与生产分区技术研究、基于 CPS 技术的生产线或车间实时仿真及快速重组技术、面向任务的定制化生产工艺仿真。

3. 面向生产全周期的大数据决策分析技术

生产过程中关键节点要素产生的庞大的数据，在很大程度上反映了智能工厂的生产状态。应通过大数据挖掘与分析，探索智能工厂生产中显性的和潜在的关联，把数据转化为知识，开展航空航天大数据信息资源总体规划，建立规范的航空航天大数据采集、开发、服务管理体系，为智能工厂的生产决策提供支持。由于需求的变化、技术的进步以及设备的更新，智能工厂在产品设计、工艺设计和质量控制方面面临着不断变化的过程。应通过大数据分析产品设计、工艺设计和质量控制三个方面存在的问题和趋势，构建基于大数据的智能工厂决策模型，形成新的设计和质量控制方案，为智能工厂生产的高效运营提供保证。主要研究内容包括：智能工厂生产全周期关键要素分析及数据采集、智能工厂大数据挖掘与分析方法、基于大数据的智能工厂生产全周期决策支持模型、基于多源异构信息融合的闭环质量管理、柔性化航空航天离散制造系统规划与快速重构仿真分析、贯穿产品价值链的制造系统横向纵向集成。

三、航空航天领域技术突破的主要思路

近年来，我国航空航天制造形成了一定规模，具备了较高水平，已成为世界上航天大国，航空事业蓬勃发展。在载人航天关键装备、探月工程关键技术及装备、北斗导航系统、C919 国产大飞机、ARJ21 新型支线飞机、窄体客机发动机 CJ-100、宽体客机发动机 CJ-2000 等重大工程和重大装备方面取得重大突破，气象卫星、导航卫星等整体制造水平持续提升。

但是，与世界先进水平相比，我国航空航天行业仍存在一定差距。主要表现在：创新能力薄弱，核心技术和核心关键部件受制于人；基础配套能力发展滞后，制造装备主机面临“空壳化”；产品可靠性低，产业链高端缺位；产业体系不健全，相关基础设施、服务体系的建设明显滞后。

面对新一轮科技革命和产业变革，我国航空航天产业的发展得到了高度重视，成为国家重大战略的重要发展内容之一。我国在航空航天制造领域亟待突破关键制造技术的瓶颈。

(1) 推进工业化与智能化深度融合，加强共性技术基础研究。

针对航空航天技术与装备的发展需求，应开展数字化、网络化、智能化和绿色制造等关键技术及重大装备的研发，建立航空航天制造新标准体系，抢占未来发展的制高点。

应围绕航空发动机技术、航天火箭制造工程技术、航天信息化

技术等需求，主要开展大型复杂构件精密成形、运载火箭贮箱精密焊装、航天惯性器件、伺服阀、星敏感器和航空发动机整体叶盘等高精度复杂零件高效加工、复合材料大型机翼及复杂卫星结构件成形加工等技术研制。同时，开展增材制造、工业机器人、重大智能制造及仿真装备等应用研究，按照国际通行标准、适航条款要求，开展产品研制与技术研发，加速提升航空航天产品在关键技术、重大装备方面的能力。

此外，应加强新一代信息技术在航空航天制造业中的集成应用，建设基于网络的虚拟协同环境，支持基于模型的异地可视化协同；建设基于知识的快速设计系统，构建以数字样机为核心驱动的研发模式；研究云计算、物联网、大数据等技术对航空航天制造模式的影响，开展工业云试点，建立大数据采集共享渠道，推动大数据在工业企业研发、制造、管理、服务等各环节的深度应用。

(2) 推进航空航天高端装备制造，树立自主制造示范工程。

应结合国家需求，对航空航天制造领域中关键基础产品、核心技术和重大工艺装备等重点项目进行长期、持续、稳定的战略性投入。以建立若干航空航天制造应用示范工程为立足点，努力推进国产装备替代工程，实现关键技术与装备的国产化自主可控。例如，以“工业强基”工程、“核高基”项目、“高档数控机床与基础制造装备”专项等国家重大专项任务需求为牵引，设立国家级的航空航天制造发展专项，开展关键核心技术攻关，实施重点型号示范工程，集中力量重点突破核心制造技术瓶颈，提高核心技术与重大装备制造的可靠性，提升自主保障能力。

同时，应适时调整现有高端装备进口优惠，减少对进口设备的严重依赖，营造有利于国产高端装备产业发展的市场环境；制定重大技术装备专项补助法规，安排专项资金支持用户试用国产设备，支持航空航天企业首台(套)重大技术装备及关键零部件的研制、推广、应用。

(3) 加强创新链与产业链衔接协同，打造完善健全的创新体系。

应加强基础理论和前沿技术研究，融合高校的学科和基础研究优势、企业的技术开发优势、科研院所的技术研究优势，加强技术资源实时开放共享，增强各创新主体的技术创新能力，提高协同创新效率。

应加强技术研发创新链和产学研用产业链的紧密衔接与高效协同，减少中间环节，缩短研制周期，建立知识产权保护和价值链共享机制，实现设计制造的资源和数据共享，建设一批高水平的国家工程技术研究中心和示范基地，提高航空航天的核心竞争力，打造完善健全的创新体系。

(4) 强化高端拔尖人才队伍建设，凝聚核心创新力量团队。

应以关键技术攻关和重大装备研发项目为抓手，实施积极的人才战略，根据当前航空航天产业集群的发展阶段制定相应的人才策略，提高人才聚集度，发挥人才聚集效应。

应充分发挥人力资本作用，在骨干企业中扎实培养一批技术领军人才，打造多支专业齐全、技术成熟、梯队合理的专业团队；不断完善企业高端技术、技能和人才管理长效培养机制，引导和支持建立企业与高校院所联合培养人才的模式，设立高级人才培养和开发基金，组织开展高端人才的培训和交流；在政府各类人才计划中，加大对具有智能化、数字化技术和制造业背景的复合型人才的重点支撑。

(5) 警惕太空领域国际安全威胁，占据未来发展战略先机。

在航空航天领域，美国太空探索技术公司提出“星链计划”，其研发的低轨卫星互联网通信系统可提供全球无死角的信息化军事侦察和通信服务。

“星链计划”计划部署完成 4.2 万颗卫星的发射、组网，完成后将极大地提高美军的态势感知能力，可让美军未来在全球范围内继续保持超级军事霸主的地位。星链距离地面更近，能够拍摄更加精确的照片，它的数据会以更快的速度传输，便于指挥官进行决策。此外，星链具备全球覆盖、低时延、高带宽的通信能力，不仅仅是美国太空霸权的急先锋，还是美国太空军事化和美军未来作战能力的重要组成部分。“星链计划”是未来十年最具军事威胁的太空军事项目。

当前，太空安全战略已成为国家安全战略的重要组成部分，具有十分重要的战略意义。因此，我国亟须把太空安全纳入国家安全战略之中，必须全力突破航空航天核心技术瓶颈，增强国家军事航天力量，通过技术提升，加强在轨卫星和空间站防护，促进卫星星座中卫星的冗余发展，提高快速发射能力，全力保障国家太空安全。

我国航空航天制造领域瓶颈突破的路径图如图 5.1 所示。

图 5.1　我国航空航天制造领域瓶颈突破的路径图

第六章　医疗设备高端制造领域瓶颈分析

医疗设备是先进制造技术的重要标志之一，临床医学的发展在很大程度上取决于医疗设备的发展。作为现代医疗的重要工具，医疗设备在疾病的预防、诊断与治疗中，发挥着极其重要的作用，是我国医疗卫生体系建设中的基础装备，其战略地位也受到世界各国高度重视。我国高端的医疗设备基本依赖进口，虽然在医疗影像设备方面取得了一定进展，但与国外的整体差距仍然存在，亟待打破发达国家的行业垄断，推动我国在医疗设备高端制造领域的自主发展。

一、医疗设备领域核心技术总体情况

（一）医疗设备制造行业概况

1. 行业简介

医疗设备是指应用于人体检查、诊断、治疗的仪器、设备、器具、材料等，也包括应用软件，即实现对人体的体表与体内的治疗，旨在达到疾病预防、诊断、治疗、监护、缓解，损伤或者残疾的诊断、治疗、监护、缓解、补偿，以及解剖或者生理过程的研究、替代、调节等目的。

医疗设备大致分为三大类，即诊断设备类、治疗设备类及辅助设备类。诊断设备类包括：X 射线诊断设备、超声诊断设备、功能检查设备、内窥镜检查设备、核医学设备、实验诊断设备及病理诊断设备。治疗设备类包括：病房护理设备、手术设备、放射治疗设备、核医学治疗设备、理化设备、激光设备、透析治疗设备、体温冷冻设备、急救设备、其他治疗设备等。辅助设备类包括：消毒灭菌设备、制冷设备、中心吸引及供氧系统、空调设备、制药机械设备、血库设备、医用数据处理设备、医用录像摄影设备等。

中华人民共和国成立 70 余年来，我国医疗机构配置的医疗设备经历了从无到有，到逐渐丰富，再到装备精良的过程。国产医疗设备产业同样从白手起家到逐渐自主发展，再到逐步走向国际舞台。

新中国成立初期配置的现代医疗器械，几乎全部进口。改革开放后，该现象逐渐得以改观，自主生产的低中端医疗设备的性能和品质已缩小了与进口产品的差距，甚至某些方面的表现还优于进口产品。

近年来，我国科技实力快速提升，临床诊疗不断发展，为医疗设备的自主创新研发创造了基础条件。“十二五”以来，我国把医疗设备领域列入科技发展的战略重点，部署了一批创新研究项目，大力推动产学研医协同创新，构建了从技术创新、产品开发、应用评价到示范推广的医疗设备整套体系。2017 年 5 月，我国制定出台《“十三五”医疗器械科技创新专项规划》，从前沿和共性技术突破、重大产品研发、示范普及推广、平台及产业集群布局等方面进行战略部署。2020年，受“新冠”疫情影响，加之人口结构性变化及健康意识提高，我国医疗器械行业整体步入高速增长阶段。2021年发布的《“十四五”医疗装备产业发展规划》聚焦诊断检验装备、监护与生命支持装备、有源植介入器械等7个重点领域，提出2025年医疗装备产业发展的总体目标和2035年的远景目标。到2025年，医疗装备产业基础高级化、产业链现代化水平明显提升，主流医疗装备基本实现有效供给，高端医疗装备产品性能和质量水平明显提升，初步形成对公共卫生和医疗健康需求的全面支撑的局面。到2035年，医疗装备的研发、制造、应用提升至世界先进水平，我国进入医疗装备创新型国家前列，为保障人民全方位、全生命期健康服务提供有力支撑。

2. 产业特征

1) 进入壁垒高

医疗设备是高壁垒精密制造业，表面看起来生产过程只是零件组装，做出产品并不是特别难，但实际上易做难优。因为下游客户主要是医院，对于产品性能的精准度和稳定性要求较高，有较强的品牌认知度和服务性要求，具有较强的使用黏性。

2) 时间积累的不可跨越

医疗设备的优势累积是全方位的。产品在市场上销售多年，会不断优化升级，快速迭代，时间和经验的积累是难以逾越的鸿沟，单个产品的优势是逐步累积的，多由产业龙头引领。同时，产品生命周期相对较长，即使专利到期也不会有蜂拥而入的竞争者迅速蚕食市场。

3) 跨线发展难度大

产品高壁垒、技术累积需要较长时间周期，以及销售渠道和科室的差异，造成了医疗器械要实现跨产品线发展难度很大。所以医疗设备领头企业都是通过跨线并购的方式不断壮大的。

(二) 医疗设备高端制造的地位与作用

高端医疗设备融合了电子、微电子、计算机、物理、生物、光学以及机械等多个学科和前沿技术。它也是目前人类无创地探索人体奥秘、为临床科研和生命科学研究提供多维度信息的重要工具。

随着全球医疗费用支出增加，人口老龄化趋势加快，人均可支配收入上升，全球医疗器械市场正逐步扩大。在现代医学中，药物和器械的地位相当高，这在“新冠”疫情突发的时候就已经充分体现。现如今人口老龄化正在逐步加快，医疗行业的发展空间广阔，医疗设备的市场也会进一步扩大。

我国医疗器械行业的发展极不平衡，生产的医疗器械主要是一类和二类这种中低端的器械，竞争非常大，利润空间很小。在高端领域，国内产品的稳定性不够，就只能从国外进口。当下国内的情况是，高端医疗器械仍然供应量不足，如果想摆脱被国外“卡脖子”的现状，就只能奋发图强，用国产代替进口。根据人口调查数据，我国已经开始进入人口老龄化，这种趋势势必会给医疗行业带来巨大的压力，医疗器械的需求量也会逐年上涨。

（三）医疗设备领域技术热点

2021年发布的《“十四五”医疗装备产业发展规划》聚焦了七个重点领域。这七个重点领域包括诊断检验装备、治疗装备、监护与生命支持装备、中医诊疗装备、妇幼健康装备、保健康复装备、有源植介入器械，基本覆盖了全人群从防、诊、治到康、护、养全方位全生命周期的医疗健康服务装备需求。

1. 诊断检验装备

发展新一代医学影像装备，推进智能化、远程化、小型化、快速化、精准化、多模态融合、诊疗一体化发展。发展新型体外诊断装备、新型高通量智能精准用药检测装备，攻关先进细胞分析装备，提升多功能集成化检验分析装备、即时即地检验装备的性能。

2. 治疗装备

攻关精准放射治疗装备，突破多模式高清晰导航、多靶区肿瘤一次摆位同机治疗、高精度定位与剂量引导、自适应放射治疗计划系统等技术。

攻关智能手术机器人，加快突破快速图像配准、高精度定位、智能人机交互、多自由度精准控制等关键技术。发展高效能超声、电流、磁场、激光、介入等治疗装备。推进治疗装备精准化、微创化、快捷化、智能化、可复用化发展。

3. 监护与生命支持装备

研制脑损伤、脑发育、脑血氧、脑磁测量等新型监护装备，发展远程监护装备，提升装备智能化、精准化水平。

推动透析设备、呼吸机等产品的升级换代和性能提升。攻关基于新型传感器、新材料、微型流体控制器、新型专用医疗芯片、人工智能和大数据的医疗级可穿戴监护装备和人工器官。

4. 中医诊疗装备

发挥中医在疾病预防、治疗、保健康复等方面的独特优势，在中医药理论指导下，深度挖掘中医原创资源，开发融合大数据、人工智能、可穿戴等新技术的中医特色装备，重点发展脉诊、舌诊以及针刺、灸疗、康复等中医装备。

促进中医临床诊疗和健康服务规范化、远程化、规模化、数字化发展。

5. 妇幼健康装备

发展面向妇女、儿童特殊需求的疾病预防、诊断、治疗、健康促进等装备。攻关优生优育诊断分析软件及装备。

研制孕产期保健、儿童保健可穿戴装备，推动危重症新生儿转运、救治、生命支持以及婴幼儿相关疾病早期筛查等装备应用的发展。促进妇幼健康装备远程化、无线化、定制化发展。

6. 保健康复装备

发展基于机器人、智能视觉与语音交互、脑机接口、人机电融合与智能控制技术的新型护理康复装备，攻关智能康复机器人、智能助行系统、多模态康复轮椅、外骨骼机器人系统等智能化装备。

促进推拿、牵引、光疗、电疗、磁疗、能量治疗、运动治疗、正脊正骨、康复辅具等传统保健康复装备系统化、定制化、智能化发展。

提升平衡功能检查训练、语言评估与训练、心理调适等专用康复装备的供给能力。

7. 有源植介入器械

加快植入式心脏起搏、心衰治疗介入、神经刺激等有源植介入器械的研制。发展生物活性复合材料、人工神经、仿生皮肤组织、人体组织体外培养、器官修复和补偿等。

推动先进材料、3D 打印等技术的应用，提升植介入器械的生物相容性及性能水平。

(四) 医疗设备领域核心技术发展趋势

(1) 未来将借助人工智能技术。

人工智能的出现，为整个行业发展提供了一条全新的发展道路，未来的大型医疗设备会变得越来越智能化、小型化，对操作者的依赖会越来越少，会像机器人一样变得能够主动思考、主动关怀、自我进化。当患者进行扫描的时候，不再需要技师进行复杂的操作，设备能够自动识别人体、自动调整，一键全自动进行扫描。对于结果也能进行智能化的处理和判断，节省医生大量的时间和精力。

(2) 未来的高端医疗装备产业也会越来越向大健康领域拓展。

未来将不再只是单一的诊断或者治疗，而是借助可穿戴设备、智能化的精准诊疗设备、手术机器人，贯穿整个预防、诊断、治疗、康复全流程；同时借助云技术和 AI 技术，对患者进行全生命周期的健康管理。目前，联影集团已经在这些领域开始了一系列布局。

(3) 元宇宙也成为科技领域的一个新的风潮。

它背后代表了一系列新医疗技术在新场景的应用。例如人工智能、物联网、虚拟仿真、脑机接口技术等等，这些技术正在迅速发展并走向成熟，也会推动未来的医疗健康生态发生颠覆性的变革。

(4) 要实现在医疗健康领域的改变，仅仅依靠企业的力量是不够的。

企业要非常紧密地和医院、高校里的专家相互赋能，产学研医融合创新，这不仅是当前国家对产业发展的战略要求，也是推动重大医学攻关和科技创新的必由之路。

二、医疗设备领域核心技术瓶颈分析

医疗设备产品具有使用周期长、稳定性要求高、生产工艺复杂、精度要求高等特点，其发展应重点聚焦包括超声、电子显微、生物电磁、X 射线、磁共振、光学等成像技术以及核医学影像等技术。

(一) 超声成像与治疗技术

近年来，医学超声波新技术层出不穷，超声已从传统的基于声阻抗差异的物理成像诊断，逐步向“诊断—给药—治疗”的多功能诊疗技术融合。医学超声由于其无创、无辐射、使用方便快捷和设备成本较低等优点，已经广泛应用于临床疾病的诊断和治疗中。新型超声成像技术，包括超声弹性成像、超声分子影像、超快与超分辨超声成像等，极大地拓展了医学超声成像技术的应用。

1. 超声弹性成像技术

以测量组织生物力学参数并对其空间分布进行成像为目的的超声弹性成像技术，是一项近年来快速发展的新型非结构成像技术。其主要包括准静态压缩技术、瞬时弹性成像技术、声辐射力脉冲成像技术、剪切波成像技术等。

2. 超声分子影像技术

作为分子生物学与临床医学之间的桥梁，分子影像技术为在活体状态下监测疾病过程中细胞和分子水平的变化，理解和探索疾病的发生、发展、恶性转化以及疗效评价提供了强有力的工具。纳米级间接型造影剂分子量小、穿透力强、体内稳定性好，正推动着超声分子影像技术的进一步发展。

3. 超快超声成像技术

超快超声成像技术是基于平面波超声成像方法进行组织的成像技术。由于一次成像中，激励所有换能器阵元进行脉冲发射，并同时接收处理所有阵元回波数据，因此换能器只需一次发射、接收就可获取声场范围内的超声图像。

4. 超分辨超声成像技术

超分辨超声成像技术将超声成像分辨率推高了一个量级，然而该技术在实用时仍需要解决时间分辨率及超声波束过宽的问题。

5. 超声断层成像技术

超声断层成像技术是在CT理论基础上发展起来的一项成像技术，超声成像的一些优良特性使得超声CT领域有着很好的发展前景。由于声波的传播规律不同于X射线，超声信号在人体内除了透射之外还存在反射、散射和衍射等过程，因此实际应用中可利用不同类型信号和参数进行图像重建。高分辨率血管内及腔内超声主要采用大于20 MHz的超声频率进行成像，可获得几十微米量级的纵向成像分辨率，在血管内斑块定量化分析及食管、肠道等早期病变检测中具有重要的应用价值。

除超声成像诊断技术之外，超声在疾病治疗方面也发挥出越来越重要的作用。超声是通过机械波将能量汇聚到极小的局部区域形成较高的能量密度，并通过热效应、机械效应或空化效应等进行治疗的新技术。具体如下：

1) *超声靶向微泡爆破技术*

超声靶向微泡爆破技术是一种新型给药技术，其原理是利用微泡空化效应导致细胞产生声致穿孔，药物可借助这些空隙进入细胞，从而提高药物的疗效。目前，它已广泛应用于基因、小分子化学药物以及大分子纳米药物的递送，并成功实现了超声影像引导的药物、治疗性气体、基因定点给药治疗。此外，将超声辐射力作为空间重力丢失的补偿新机制，预防或治疗骨丢失以及肌肉萎缩等疾病值得关注。

2) 无创超声神经调控

大量的实验表明，超声能够可逆调节特定区域的脑功能，进而引发一系列神经调控反应。脑科学的发展带动各类神经调控技术进入新发展时期，超声作为一种无创新方法引起了巨大关注。然而，超声的调控机制目前仍不明确。在神经元领域，开发了新型超声神经调控芯片装置，并建立了可同步开展离体脑片膜片钳记录的超声神经调控实验系统，证明了超声能够直接激活神经元，引起动作电位的发放。同时，将超声辐射力和机械敏感性离子通道结合起来，通过超声刺激机械敏感的离子通道，有望调控对应的神经元兴奋或者抑制。

3) 超声辐射力操控微粒(也称声镊技术)

超声辐射力操控微粒是指利用声波的力学效应，非接触操纵微小物体的运动。其物理基础是处于声场中的物体会与声波发生动量和能量转换，导致其受到力的作用，从而控制微粒的运动。超声辐射力操控微粒研究工作在最近 20 年获得了广泛关注。利用超声驻波、平面波、高斯束、人工声场已经实现了对微粒、细胞、线虫以及微生物的精确操控。

声镊作为与光镊原理类似的技术(其中光镊技术已获 2018 年诺贝尔物理学奖)，还具有可穿透非透明介质、无损伤、生物兼容性好、大穿透、装置简单易集成等独特优点，这使得声镊技术在细胞搬运、组织再生打印、在体定点给药、隐形机械手等方向具有广阔的应用前景，可为生物医学基础研究、疾病诊断、药物开发等提供非接触、无损伤微操控手段。超声辐射力操控微粒也是超声治疗的重要力学基础，未来超声诊疗一体化中，发展 3D 或多维高精度声镊技术与系统，可为在体超声定点给药、神经调控、干细胞输运等提供技术基础。

(二) 电子显微成像技术

电子显微成像技术(简称电镜)因其超高分辨能力，成为人类认识微观世界的主要技术手段。电镜技术主要分为透射电子显微镜和扫描电子显微镜。随着物理、生物、信息等多学科技术的融合发展，工艺和技术上的不断革新，电子显微成像技术在高时空分辨率、原位、动态、多模态、高特异性等多个特性方面不断拓展，其技术主要表现为以下三个方面：高分辨单颗粒冷冻电镜技术、冷冻电子断层三维重构成像技术、高通量扫描电镜技术。

1. 高分辨单颗粒冷冻电镜技术

高分辨单颗粒冷冻电镜技术起源于三维重构理论，是当前生物大分子结构解析的主要技术手段。如何进一步提高冷冻电镜的成像分辨率和信噪比以适用超大和超小蛋白分子的结构解析是当前亟须解决的问题。改善和提高电镜硬件技术，主要包括相位板、高性能相机和样品台等。生物样品是相位物体，必须利用相位衬度成像。但目前相位板技术还不成熟，只能利用物镜欠焦来实现相位衬度成像，这在一定程度上限制了分辨率。发展完善的相位板技术，能进一步发挥冷冻电镜技术的潜力。同时，大量数据的采集需要多次移动样品对多个视野成像，发展高像素、高速的电子成像相机和更稳定的电镜样品台，将极大缩短数据收集时间，提高效率。

2. 冷冻电子断层三维重构成像技术

冷冻电子断层三维重构成像技术是目前已知分辨率最高的细胞水平成像技术，其核心是通过收集同一样品不同角度的二维投影，计算重构出样品的三维结构。这一技术仍处于发展阶段，集中在样品制备、成像、关联方式与关联精度方面。未来的技术发展可主要包括：基于冷冻切片与冷冻聚焦离子束切割的冷冻样品减薄技术、优化成像硬件技术、(时间相关)关联显微成像技术、新型原位标记技术、冷冻扫描透射电子断层三维重构技术、优化冷冻电子断层三维重构成像硬件技术、方法与数据处理技术等。与单颗粒冷冻电镜相比，冷冻电子断层三维重构成像技术在成像速度、成像数据质量以及后期数据处理上均存在明显不足，这些因素直接限制了冷冻电子断层三维重构成像技术对细胞原位中生物大分子的解析。为此，在硬件方面，需要进一步发展更稳定、更快速的样品台，以提高数据收集速度；优化现有 Volta 相位板并发展新型相位板技术(如激光相位板)等来提高数据采集质量和速度。

3. 高通量扫描电镜技术

高通量扫描电镜技术可以分为单束流型、多镜筒型和多束流型。其中单束流高通量电镜技术具有分辨率高、稳定性好、操作方便、采购和维护成本低等优势，是实现生物型高通量三维电镜成像能力快速普及化的重要技术突破口之一。高通量生物结构扫描电镜三维成像系统主要包括：基于连续超薄切片的自动收集装置、基于高通量扫描技术的高分辨率电镜、基于切片阵列的自动化采集控制系统、基于切片电镜图像的三维实时配准系统。该系统通过连续超薄切片自动收集装置实现万张连续切片的自动收集，利用高速背散射电子成像实现高分辨大范围图像采集，同步进行电镜数据实时拼接和三维配准，最终形成一体化成像设施，具备高分辨率高速成像、大范围连续稳定采集和三维实时可视化的生物精细结构高通量数据获取能力。

综上可知，当前电子显微成像技术还局限在基础科学研究中的应用，在临床研究和病理诊断中的应用还非常缺乏，尤其是冷冻电镜技术尚未应用于临床诊断和研究，有广阔的开发空间。电镜属于大型科学装置，其购买、安装以及运行维护成本极其高昂，同时，其成像技术涉及生物医学、物理电子光学、机械工程学、信息与计算科学等多学科交叉，协同攻坚非常重要。因此，依托科研院校、医院等，搭建电子显微镜交叉型大科学装置平台，深度发展交叉学科的融合，培养和组建多学科交叉人才团队，是电子显微成像技术发展的前提。在此基础上，要深入优化成像装置和方法，重点发展多模态成像方法，积极探索原位动态电镜成像技术，并针对不同成像方法的制样技术，力争在高分辨冷冻电镜三维重构技术与方法、光电关联显微成像装置、大尺度扫描电镜成像装置、超快电镜技术等领域达到国际领先水平，形成具有自主知识产权的原创性技术。

(三) 生物电磁成像技术

生物电磁成像以脑电图和脑磁图为代表，无创脑电磁成像技术以其高时间分辨率且可通过源成像技术有效提高空间分辨率的优势，在推进大脑认知原理和脑疾病机制研究中起着不可或缺的作用。脑磁记录的是神经细胞相关的带电离子的迁移产生的局部微弱电流所形成的颅外磁场总和。就脑电磁信号而言，脑电对径向电流活动更敏感；而脑磁对切向电流活动更敏感。脑电设备价廉，应用广泛；脑磁受大脑结构非均匀性影响小，空间分辨率较高，但设备及维护昂贵。从总体来看，脑电与脑磁之间不存在优劣之分，是具有互补性的两项重要技术。

1. 脑电设备关键技术

目前国内市场上的高端脑电采集系统大部分都是欧美国家研制的，其性能指标较高且稳定性好，已广泛应用于对脑电信号精度要求较高的脑科学研究领域。近十几年来，我国一些高校和科研院所陆续推出了高性能脑电采集系统，正在推动脑电设备从过去单纯依赖进口过渡到国内自主创新研发的新阶段。

传统的脑电设备采用湿电极技术，需要在电极和头皮之间注入导电膏或导电液，这给使用者带来不便，同时也增加了实验的准备时间。为了克服这些问题，近年来，国内外科研院所和企业开始研发干电极技术或半干电极技术。此外，可穿戴的脑电信号采集设备也已在试验性的应用中，如耳后电极脑电采集设备、耳内干电极脑电采集设备等。从总体来看，脑电设备正朝着便携可穿戴、无线和多模化方向发展，将为实验室外真实自然场景下的研究和应用奠定基础。

2. 脑磁设备关键技术

大脑磁场的强度非常微弱，大脑皮层活动是 10 fT，脑波处于 α 波时 1000 fT，地磁场强度是 50～60 μT(1 μT = 10^9 fT)，城市里的环境磁噪声约 0.1 μT，都远高于大脑磁场的强度，因此需要非常灵敏的传感器和降噪技术。现行脑磁设备都是基于超导量子干涉装置的。

近年来，欧美相关公司已推出了 300 多个通道的全头型脑磁系统。然而，这类超导脑磁设备造价昂贵，且需要在高性能屏蔽室和超低温下运行，因此维护运行成本也高；同时，其探头位置固定距头皮较远，使得检出的信号较弱。总体上，该系统适应性较差，阻碍了其的大规模使用。

目前脑电研究还主要集中在 0.5～45 Hz 的传统频段，忽略了较高和较低频段所携带的独特信息，而低频可能和血氧代谢等密切相关，高频信息可能与特定的核团功能有关，因此有特殊的定位价值。为此，需发展宽频段的脑电采集设备，同时推进新一代基于 OPM 的脑磁设备的发展和完善。此外，同步采集脑电、血氧消耗水平、肌电、心电、脑磁等多生理信号的多模态成像技术，多脑同步采集技术，小型、集成、无线、可穿戴式脑电磁设备等，将是未来发展的重点。

(四) X 射线成像技术

X 射线成像设备主要有 X 射线机、计算机断层扫描(Computed

Tomography， CT)以及数字减影血管造影(Digital Subtraction Angiography，DSA)三种。随着计算机技术、人工智能技术以及材料学的飞速发展，影像技术正在经历广泛而深远的改变。

1. X 射线机关键技术

X 射线成像的关键科学问题是单位剂量输入条件下获得更多的被检测物体的信息量，包括空间分辨率、密度分辨率、时间分辨率、能谱分辨率、相位分辨率等。我国 X 射线机的发展需要从基础材料、基础器件、基础算法领域提高系统的关键技术和核心部件制造能力，形成全产业链国产化和领先优势。

1) 探测器领域

应加大对 IGZO 探测器的研发投入。IGZO 是金属氧化物探测器的一种，已被广泛应用在消费领域。该材料制备的 TFT 结构的电子迁移率是非晶硅的数倍，从而实现采集速度更快、残影更低的高速动态平板探测器。基于这些高载流子迁移率的面板技术，有望开发大面阵的有源像素阵列探测器，实现更低的电子噪声和更细腻的动态图像。

应加大投入有机柔性探测器的开发与应用。有机半导体技术是当前显示领域的热门技术，有机薄膜晶体管和有机光电二极管的作用与现有的非晶硅 TFT、PD 相同，是一类基本的电子开关元件和感光元件，不同的是核心材料采用了有机半导体。有机探测器面板的力学性质与塑料基板非常匹配，大大增加了 X 射线传感器材料的柔性。

应进一步发展单光子计数探测器的相关技术。单光子计数探测器的核心目标是检出单个光子的能量，从而形成带能谱分布的图像，同时达到保证高灵敏度和消除电子噪声的功效。我国在该领域与国际先进水平差距不大，有望与国外厂商并跑，形成竞争态势。

还应布局前沿光电材料技术。如钙钛矿型材料制作的半导体光电转化层和量子点闪烁层的技术目前还处于前沿探索阶段。该技术源于第三代太阳能电池技术，已经被证明具有高于有机半导体的光电转化效率，同时兼具类似 OPD 的低温下易于制备的工艺条件和很高的性价比。同时，由于人类能够“设计”ABX3 型钙钛矿结构中的有机或无机阳离子、氧化物或卤素阴离子，因此 ABX3 型钙钛矿材料具有很大的相空间(化学上的)供材料学家调控，以适应各种工程应用上的需求，如射线吸收率、材料带隙、闪烁波长等，从而实现新材料的发明和工程迭代，故其前景广阔。在这个领域中，我国科研界处于国际并跑水平。

2) 新型射线源

新型射线源包括微焦点射线源、立体 X 射线源、阵列 X 射线源、冷阴极 X 射线源、液态金属阳极以及大热容量 X 射线源等。在这些领域里，我国与国外先进技术之间有较大差距。

3) 图像算法

稀疏角度采样的 CBCT 重建算法基于 compressive sensing 或迭代的稀疏角度采样算法，减少了 CBCT 采样所需的投照角度，降低了扫描时间，从而减少系统对扫描帧率的要求，使得动态平板探测器技术的 X 射线系统具备三维成像能力。

2. 计算机断层扫描 CT

CT 机是一种大型医疗影像设备。扫描所得信息经计算而获得每个体素的 X 射线衰减系数或吸收系数，再排列成矩阵(即数字矩阵)，数字矩阵可存贮于磁盘或光盘中，经数字模拟转换器把数字矩阵中的每个数字转为由黑到白不等灰度的小方块(即体素)，并按矩阵排列，即构成 CT 图像。CT 要进一步发展，需要在有限的单位时间和单位 X 射线能量输入的条件下，获得更多的人体解剖信息。

我国的 CT 产业发展亟须实现关键技术的突破，形成自主的国产核心技术，包括 CT 影像链中的闪烁陶瓷产业化、ASIC 芯片的国产化、CT 球管的自主研发、破解滑环等关键技术的垄断、CMOS 平板 CT 探测器的技术突破等。

1) CMOS 平板探测器

CMOS 技术与其他数字化 X 射线成像方式相比，具有噪声低、速度快、动态范围大等优势。随着 CMOS 技术的成熟，采用 CMOS 技术的探测器数据采样频率已经达到了 CT 重建的要求，目前常用的 CMOS 探测器的像素尺寸在 100 μm × 100 μm 至 200 μm × 200 μm 之间，阵列的像素数达到千万级。我国对 CMOS 探测器的研发已处于国际领先水平。

2) CT 球管

CT 球管作为整机的核心，在 CT 设备成本与运营中占有重要的比例。CT 球管从结构上看主要可分为管芯和管套两大部分，球管的技术突破是实现高端 CT 球管国产化的必经途径。

3) 多焦点阵列扫描射线源

传统的 CT 成像系统是将 X 射线源和探测器高速旋转以获得多个角度的投影图像。而新一代的静态 CT 成像系统则是使用了探测器环和射线源环的双环结构，在射线源环上均匀分布多个 X 射线焦点，每个 X 射线焦点对应一个角度的投影图。多焦点阵列扫描射线源是新型静态 CT 的核心，目前集中于两个技术方向：以碳纳米管为代表的冷阴极 X 射线源和多焦点固定阳极栅控射线源。

3. 数字减影血管造影机

DSA 是 20 世纪 80 年代继 CT 产生之后的又一项新的医学成像技术，是计算机与传统 X 射线血管造影相结合的产物。DSA 是将造影剂进入血管前的图像与造影剂进入血管后的图像依次相减，除去不变的组织结构，使造影剂充盈的血管与血液的动态流动情况被显示出来，从而显示病灶，实时指导微创介入手术的实施。DSA 在应用中分为 IVDSA(Intro-Venous DSA)和 IADSA(Intro-Artery DSA)两种，前者通过静脉注射造影剂，计算造影剂循环到靶器官的时间并开始采集减影图像；后者通过动脉注射造影剂，即刻可以达到较高的靶器官血管充盈状态，采集的减影图像质量较高。目前 IADSA 已经成为主流的应用方法，而 IVDSA 已很少应用。

介入技术的蓬勃发展，促进了外科技术的微创化发展，血管内介入治疗和外科手术两种技术的融合，形成了复合手术(hybrid operation)及与之相关的复合手术室。这就要求 DSA 设备更加小巧且高度智能化。

1) DSA 设备辐射剂量

介入手术中医生与患者共处导管室，DSA 的剂量问题是所有 X 射线影像设备中最为敏感的。以往多为脉冲式曝光，应用动态平板探测器来降低辐射剂量。

未来降低辐射的技术将主要着眼于下述两个方面的问题：① 通过减少散射线，去除物理滤线栅，提高有效射线的接受率；② 使用新型半导体材料，大幅提升量子检出效率，实现更高的 X 射线转化率，最终提升系统 X 射线利用率。

2) DSA 的开放与智能化

DSA 系统的一个发展方向是开放性、灵活性、易于操作。传统落地式 DSA 受制于机架架构，C 臂运动范围有很大局限，临床应用有限。尽管悬吊式 DSA 的 C 臂运动范围大、临床应用广泛，但 C 臂及悬吊部分的重量大，因此对导管室天花板的强度要求极高。

未来智能 DSA 需着重考虑下述问题：① 使 C 臂机架体积更小，自由度更高，操控更加简单，临床角度无死角覆盖；② 工作流设计更加智能便捷、可定制，最终实现多设备流程复用，实现复杂联合临床功能。

3) 多模态图像融合影像技术

图像融合是影像设备的发展趋势，DSA 与其他影像，如 CT 图像的融合，可极大提升以影像导引为基础的介入治疗的精准定位和导航，从而提升手术效率和疗效。传统 DSA 已经不能完全满足临床的需求，需要进一步拓展和升级，如虚拟与现实导航的应用。

(五) 磁共振成像技术(MRI)

磁共振成像(Magnetic Resonance Imaging，MRI)是目前临床医学诊断和基础生命科学研究中重要的影像学工具，具有无损无创、软组织对比度高、成像参数和对比度众多、图像信息丰富等特点。

MRI 是利用核磁共振原理进行成像的一种技术。MRI 通过在静磁场中施加特定频率的射频脉冲和特定方向的磁场梯度，使被测样品产生的磁共振信号变得位置依赖，从而实现空间位置信息的编码。使用傅里叶变换等图像重建技术就可解码被编码在频域空间的磁共振信号，进而重建出样品在三维空间中的图像。

硬件研发是 MRI 技术发展的先决条件。针对超高场 MRI 系统的硬件研发主要包含以下方向：

(1) 发展高均匀度的超高场 MRI 磁体技术，寻找合适的高温超导材料，研发高磁场高温超导磁体、超高场无液氦小口径动物用磁体，减少系统体积重量和对液氦的依赖。

(2) 优化梯度磁场线圈设计和制造工艺，在现有架构下实现更高梯度强度和更快梯度切换率，有效减少信号衰减，获得更高的空间分辨率。

(3) 发展高精度局部磁场强度监控技术，矫正主磁场和梯度场不均匀性，实现动态匀场。

(4) 研发高密度接收线圈技术和无线接收传输技术，并用于高局部 SNR 的获得和快速成像。

(5) 发展多通道独立控制梯度线圈、无梯度成像、自动快速调节射频多通道并行激发等关键核心技术，探索偶极子、波导管等非常规结构用于超高场 MRI 射频激发的可能性。

(6) 发展不需要匀场线圈，而是通过梯度线圈或多通道直流线圈就能实现匀场功能的技术，利用超多阶匀场实现更好的局部匀场效果，节省超高场 MRI 系统宝贵的孔径内空间。

(7) 探索超高场 MRI 成像仪的系统集成技术，使各个子部件在超高主磁场下相互配合，实现最优性能，同时整机满足 5Gs 线分布、尺寸、重量、病人安全等方面的限制。

(六) 光学成像关键技术

根据光与物质之间的相互作用过程，生物医学光学成像的机制主要基于透射、反射、吸收、散射、荧光辐射、非线性和量子等过程。根据成像信息的获取途径和重建方法，生物医学光学成像又可分为宽场成像、扫描成像、干涉成像和计算光学成像等。为提供不同空间尺度的样本信息以满足不同领域的研究，近年又发展出内窥成像、大视场成像和超分辨成像等。这些成像机制与方法有机结合，构成了各种常用的光学成像技术，包括宽场显微成像、激光散斑成像、光声成像、光学相干断层成像、共聚焦显微成像、拉曼散射成像、多光子显微成像和超分辨成像等。

临床上的光学成像技术包括离体和在体两类。其中，最常用的离体光学成像技术是基于显微成像的病理学检测，包括在组织、细胞和亚细胞水平对样本的形态结构特征进行成像，结合抗体技术对目标蛋白的定位、分布和表达进行成像(免疫组化、免疫荧光)，以及核酸检测或DNA测序中的光学成像(显色原位杂交、荧光原位杂交)等。离体的光学成像技术所使用的设备主要为显微镜，包括明场、暗场、荧光三种模式。在体的光学成像技术及设备包括内窥镜、手术显微镜、眼底相机、光学相干断层成像等。

仪器的研制离不开核心器件，核心器件的诞生又加速了光学成像仪器在临床中的应用。临床中使用到的关键器件包括特种光源(超快激光、连续谱激光、微型激光器等)、镜头(自聚焦透镜、高数值孔径镜头、长工作距离镜头等)、光调制器(声光调制器、电光调制器、空间光调制器、可变形反射镜等)、光偏转器(共振反射镜、MEMS振镜、声光偏转器等)、特种光纤(光子晶体光纤、成像光纤束等)、光谱模块等。仪器是实施临床应用的载体，其中的光学技术包括器件技术和整机集成技术，两者共同推进着仪器的发展。

面向临床应用的光学成像器件与仪器的发展应以充分发挥光学成像优势、突破光学成像现有瓶颈为方向。主要包括以下两个方面：

1. 提高器件与仪器的时空指标

光学成像比放射成像和声波成像具有更高的时空分辨率，应充分发挥这一优势。在器件方面，开发高数值孔径低像差物镜和高量子效率高像素数低噪声相机是提升空间分辨率的最直接方法。光学成像还可发挥实时检测的优势，满足临床诊疗所需的高效与快速。对于宽场成像，成像速度取决于相机帧率；对于扫描成像，成像速度则主要受限于扫描器的速度。提升成像速度还可以通过优化物镜像差设计、提升物镜成像视场、优化图像拼接算法来实现。此外，大量新技术也具备进入临床应用的潜力。

例如，傅里叶叠层成像可借助结构性照明多次曝光，利用低数值孔径大视场范围的物镜获取高分辨率成像，省略平移台，从而简化病理显微镜结构；相位对焦技术可测量离焦程度和方向，从而实现快速对焦，与传统的基于图像对比度的对焦方法相比，速度得到大大提升。

2. 提高器件与仪器的微型化和国产率

生命活动的可视化研究及临床疾病的精准诊疗，迫切需要对生物体内部脏器进行高分辨率可视化的技术手段。器件与仪器的微型化可提高便携性，从而实现床边诊断，同时也利于实现微创、无创诊疗。

例如，共聚焦内窥成像是一种微型化的探头式成像技术，是唯一具有细胞分辨能力的内窥诊疗手段，是近年来内窥镜领域的颠覆性技术。共聚焦内窥镜使用微型光纤扫描器和显微物镜，使内窥镜探头外径仅为 2.6 mm，可实现光学活检，实时提供常规病理切片显示的细胞结构信息，并能有效提高组织活检的检出率。新型的微型透镜和光纤器件有助于进一步增加成像深度和层析能力。

（七）核医学影像技术

核医学影像也称核素成像，是根据放射性核素示踪原理，利用放射性核素或其标记化合物在体内分布的特殊规律，从体外获得脏器和组织功能结构影像的一种技术。该技术的发展取决于显像剂和显像设备的不断进步。核医学显像设备主要包括两种，单光子发射型计算机断层仪(Single Photon Emission Computed Tomography，SPECT)与正电子发射型计算机断层仪(Positron Emission Computed Tomography，PET)。

我国核医学已走过 60 多年的历程，完成了药物和设备从进口到国产替代的转变，如今进入自主创新阶段。目前临床使用的 SPECT/CT 是双探头设备，其分辨率和灵敏度远远不如 PET/CT。为充分发挥 99mTc-3PRGD2 的临床价值，佛山原子医疗设备公司在国际上率先提出人工智能引导的用于人体全身的全环 SPECT/CT 的概念。该设备获国家自然科学基金委重大科研仪器研制项目的资助，在性能方面优于临床现有双探头 SPECT/CT 设备，在设备设计理念上强调智能化技术，与 PET/CT、PET/MRI 相比，其最大的优势在于临床适用范围广泛、制备简单、成本低廉，能更好满足基层医院需求，发挥最大的边界效益。

三、医疗设备领域技术突破的主要思路

我国卫生健康工作水平提升、老龄化程度加深的趋势，对医学影像检查、体外诊断等医疗器械的需求将持续增长。据统计，2023 年我国医疗器械市场规模将突破万亿元大关，但在总体市场规模增长的背景下，我国医疗设备制造业与发达国家相比仍有显著差距。美国、欧洲各国的医疗器械制造多以竞争力强、研发实力雄厚的大企业为主，我国大部分为中小型医疗器械企业，高端竞争力不足，

依赖进口。

近年来，我国积极推动产业升级和技术革新，在机电一体化、精密制造等领域实现明显发展，在医疗器械零部件、原材料等基础产品的自主制造上打下了一定基础，产业体系趋于成熟。而自动化设备、医用器材仍有更大的提升空间，未来发展需要向精准化、个性化、智能化方向迈进，要实现重大突破还需要一个较长的过程。

目前，我国出台“健康中国 2030”和“健康中国行动(2019—2030 年)”等战略规划，医疗设备制造业迎来了大有可为的战略机遇期。以“健康中国”为目标，推动我国自主仪器设备研制、临床应用与前沿基础研究，需要发挥企业、高校和研究机构的整体力量，扎实推进医疗器械领域创新体系建设，不断提升高端医疗设备的设计研发、生产制造和产业发展水平。鼓励研发、推广健康管理类人工智能和可穿戴设备，充分利用互联网技术对健康状态进行实时、连续监测，实现在线实时管理、预警和行为干预，运用健康大数据提高大众管理自我健康的能力。

(一) 加强多学科交叉融合的集成应用研究

应强化多学科交叉融合的集成应用研究，在高端医疗设备先进制造技术上率先实现突破，将基础科学研究的原理与综合集成的应用深度融合，不断巩固和提高我国高端医疗设备的基础研发能力。

医疗设备制造与物理、化学、材料、生物、数学、光学、信息、电子等多学科密切相关，是基础科学与应用科学的综合交叉集成，在超声、电微、生物电磁、X射线、磁共振、光学影像等技术方面，融合了工程科学、计算机科学、大数据、软件、探测、传感、人工智能等跨领域的前沿技术成果，是新一轮科技与产业革命发展的重要应用领域。

为了推进我国高端医疗设备研制的自主创新，必须在技术突破的源头发力，进一步强化多学科交叉融合的医学应用，集中攻关重大制造核心技术，如超声、电镜、X射线、磁共振成像、光学成像等。应重点围绕医学影像、体外诊断、先进治疗、生物医用材料、健康器械等医疗设备和用品，聚焦高附加值耗材、高端影像设备、体外诊断、生命科学检测仪等培育产生一批国产标杆设备与产品。具体包括：支持生物可吸收支架、心脏起搏器、骨科材料、神经及软组织功能修复材料等高附加值耗材研发；发展以超导磁共振为代表的高端影像设备，鼓励填补国内空白的创新影像设备产业化，推动磁共振成像、数字平板放射成像系统、数字减影血管造影X线机、口腔锥束 CT 系统(断层扫描系统)等升级换代；搭建医学影像大数据云平台，研制手术机器人等创新产品；推动即时检验系统等体外诊断产品及试剂升级换代，加强体外诊断设备、检测试剂和数据分析系统的整合创新；支持发展高通量基因测序仪、新型分子诊断仪器等生命科学检测仪。通过不懈努力，为我国高端医疗设备自主制造的率先突破提供技术支撑。

(二) 实施国家医疗健康重大仪器设备专项工程

建议实施国家医疗健康重大仪器设备专项工程，通过完善产业链、聚焦创新链，产出成果、汇聚人才，助推核心制造技术全面持续的创新突破。

“新冠”疫情在全球暴发，极大地促进了我国医疗器械企业走向全球。但高端医疗器械的核心技术被国外企业掌握，我国亟须应对发展面临的诸多问题和挑战，从全局和整体上推进医疗设备自主创新发展。

因此，应实施疫情预测预警装备专项工程、应急医疗装备应用示范工程、健康医疗装备制造专项工程。

1. 疫情预测预警装备专项工程

攻关传染病快速检测成套装备、大规模疫病防控应急装备并进行解决方案研究，提升传染源识别、传染途径切断等水平，提高突发传染病的应急反应能力。攻关新发突发疫情智能预警、监控管理系统，建设面向大规模突发疫情精准防控的公共数据资源整合治理与应急应用平台，提升预测和监控疫情发展及走向等能力。推进公共卫生检验检测装备精准化、智能化、快速化、集成化、模块化、轻量化发展。推动高等级生物安全实验室、实验动物设施等特殊实验室关键防护装备研发。

2. 应急医疗装备应用示范工程

发展生命搜索救援机器人、海陆空远程医学救援装备、便携式室外卫生应急装备、现场急救背囊装备等。支持医疗装备生产企业合理布局产能，推行柔性制造和敏捷生产，打造“平急”结合的医疗装备产业结构，做好产能储备，提升突发卫生事件应急处置和紧急医学救援医疗装备产品供给能力。开发适宜应急现场检测的可移动、快速、精准、功能集成的实验室检测装备，发展技术高端、操作智能、功能集成的固定式、可移动式、快速式、模块化、多类型的检验检测设备，有效提升检验检测能力。

3. 健康医疗装备制造专项工程

加强生物医学影像、先进治疗设备等自主研制，如大型重离子或质子肿瘤治疗设备、图像引导放疗设备、高清电子内窥镜、高分辨共聚焦内窥镜、数字化微创及植介入手术系统、手术机器人、麻醉机工作站、自适应模式呼吸机、电外科器械、脑起搏器、迷走神经刺激器，以及神经调控产品、可降解血管支架、骨科及口腔材料植入物、可折叠人工晶体等设备与耗材。

(三) 加强人才队伍建设

要加强人才队伍建设，促进产学研医融合创新，可尝试培养研究生与国产医疗设备企业之间开展合作，开展订单式培养。建议国家有关部门设立医学物理师专业技术人员评审通道，建立与医生职称平齐的职业上升通道，吸引更多的医疗器械创新人才回国，带动本地科技创新人才的培养，让人才有更大的施展空间。

(四) 推进高端医疗设备从中低端向高端发展的逐步过渡

在积极推动自主创新方面，建议采取“国产替代与国外进口并举”的方式，推进高端医疗设备从中低端向高端发展的逐步过渡，使国产医疗设备在跟跑过程中提高自主研制能力，向更高目标迈进。

我国高端医疗设备依赖进口的局面不能在短时间予以转变，宜采取“国产替代与国外进口并举”的举措，有计划、有步骤地加快推进自主研制、量产、推广的步伐。

为此，应在医疗领域出台相关政策，推行国产创新医疗器械的率先使用。制定出一批推广使用的医疗器械目录，首先在各地确定创新医疗器械使用试点医院，优先采用国产创新医疗器械，并定期对使用效果进行评估，对于试点效果好的产品进行全面推广，进而带动国产创新医疗器械的使用和推广。

同时，要重点挖掘和支持医疗设备龙头企业发展，借鉴美国、英国、德国、荷兰、瑞典、日本医疗设备制造大企业的发展经验，“重拳”打造我国医疗设备龙头企业，扶植、培育潜在的“小巨人”企业发展成为未来的大企业，重点解决这些企业在集结创新资源过程中遇到的实际问题。可以由行业协会牵头，尽快完善龙头企业的调研工作，针对企业发展中遇到的吸引留住人才、上市融资、股权激励、市场应用等难题予以集中解决。

(五) 充分发挥我国体制优势与制度优势

应充分发挥国家在重大科学仪器设备战略发展上的优势，加快先进制造领域最新成果在医用领域的转化，为人民生命健康事业提供制造技术和医疗装备的强大支撑。

高端医疗设备制造与大型科学仪器制造，在基本原理、规律方法、工艺技术上有着很大的关联性和相似性，应统筹协调、资源共享、高效协同，加强我国仪器设备先进制造技术在医用领域的及时转化。

首先，应强化医工协同，以解决临床实际问题为导向，通过合作研发、临床验证、迭代升级，支持医疗装备与电子信息、通信网络、互联网等跨领域合作，推进传统医疗装备与 5G、人工智能、工业互联网、云计算、3D 打印等新技术的融合升级，加快开发原创性智慧医疗装备，推进智慧医疗、健康云服务发展。

其次，要完善标准体系，加强医疗装备产业与基础制造产业、信息产业、重大仪器设备制造产业的标准建设与共享。促进关键零部件制造、整机制造、耗材制造的标准化，推进数字化、网络化、智能化医疗装备制造与机械、电子、仪器等行业领域的互联互通、技术与人才共享。

再次，加快资本集聚，深耕细作，做大做强医疗装备制造的市场规模。可设立医疗器械创新发展基金和产业引导基金，支持符合条件的民营医疗器械企业快速成长壮大，特别是针对高端医疗器械领域，应发挥基金投资导向、资本经营的作用，积极推动创新源头的科技成果转化与落地，积极推进落实自主研制装备与产品的发展壮大。

我国医疗设备高端制造领域瓶颈突破的路径图如图 6.1 所示。

目标层	需求	满足人民对日益增长的高质量医疗与保健的需求			
		满足对突发公共卫生事件医疗设备应急保障的需求			
	目标	医疗设备产业基础高级化、产业链现代化水平明显提升，高端医疗装备产品性能和质量水平明显提升			
		医疗装备的研发、制造、应用提升至世界先进水平			
实施层	应用技术	超声成像与治疗技术	电子显微技术	生物电磁成像技术	脑电设备关键技术
		计算机断层扫描 CT	光学成像关键技术	核医学影像技术	…
	基础技术	超声弹性成像技术	分组影像技术	高通量扫描电镜技术	X 射线成像技术
		新型射线源	图像算法	磁共振成像技术	…
保障层	政府支持	建立创新支持模式，促进推广应用			
		加强人才培育，强化知识产权保护			
	产业链保障	建成创新力强、附加值高、安全可靠的产业链供应链			
		全产业链优化升级，产业生态逐步完善			

图 6.1 我国医疗设备高端制造领域瓶颈突破的路径图

第七章　思考与展望

制造业是国家实体经济的主体，工业制造是强国兴国的命脉。随着全球新一轮科技与产业革命的加速发展，世界各国在高端制造领域的比拼、博弈日趋激烈，制造强国对制造大国、发展中国家的打压、抑制也明显增强。以美国为代表的单边主义抬头，中美摩擦加剧，美国在高端制造的核心技术上实施封锁，我国“卡脖子”问题凸显。先进制造的国际合作产业链、生态系统趋于被阻断、被割裂的状态，特别是在全球“新冠”疫情影响下，我国高端制造领域的发展面临更大的困难与挑战。

我国制造业自改革开放以来，取得了举世瞩目的历史性成就。基于中华人民共和国成立初期建立的体系较为完善、门类比较齐全的工业制造基础，通过学习借鉴、开放引进、繁荣市场、自主创新，逐步发展起具有中国特色的工业制造体系，在机械、轨道交通、电力、钢铁、石化、家电、纺织、航空航天等诸多领域迅速增长，若干方向跻身世界一流水平行列。但在高端芯片、操作系统、知识型工业软件、高档数控机床、电子装备制造、航空发动机、高灵敏传感器、精密测试仪器以及高性能轴承、齿轮、液气密件、光机电磁插拔件与连接件等先进设计制造上，仍存在依赖进口、受制于人的情况，亟待突破高端制造核心技术的发展瓶颈，增强原始创新能力，提升国家治理体系和治理能力的现代化水平，为我国成为制造强国做出突出贡献。

本书通过对比我国与美国、德国、日本在高端制造上的差距，梳理高端制造核心技术上的发展现状，调研电子、机械、航空航天、医疗设备四个高端制造重点领域的实际，分析制约我国自主创新的障碍与问题，提出举国体制下攻克“卡脖子”难题、进一步发展壮大我国高端制造的思路与建议。

为此，归纳出以下几点思考与展望。

一、发展思考

思考之一：我国高端制造面临新的历史发展机遇，亟待突破核心技术的瓶颈制约，需要认真地总结原始创新、自主发展、先进制造的历史经验与不足，加强举国体制下科研攻坚的力度与强度，实现国家治理体系和治理能力的现代化提升。

全球高端制造的发展，以美国、德国、日本等工业强国为代表，经历了长期的历史积淀，形成了从工业 1.0、2.0、3.0 向 4.0 模式迈进、提升的动态格局。在新一轮科技与产业革命的激烈竞争中，先进制造领域的比拼愈发白热化，发达国家与发展中国家在制造领域上、中、下游产业链之间的关系，发生着复杂而微妙的变化，带来了高端制造与中低端制造的博弈与制衡。工业制造的迭代、演进，面临前沿颠覆性技术的机遇和挑战，智能制造、人工智能、工业互联网、人机融合、大数据等技术创新的驱动赋能，使先进制造的未来发展充满了复杂性和不确定性，增加了全球各国之间的竞争性，对国际产业链的衔接、协作产生了严重影响，立场冲突、利益冲突、产权冲突等愈发明显。这既是巨大的挑战，也孕育着发展机遇。

世界制造强国占据着高端制造的主导地位，无论是高端芯片、精密传感器、高档数控机床、测试仪器设备等硬件，还是操作系统、知识型工业软件以及先进装备制造的模型库、数据库等，均积累了厚重的工业制造基础，沉淀了学科发展、技术研发、产业振兴、人才支撑的先发优势，形成了在高端制造上的整体把控能力。如美国在计算机、集成电路制造、新一代信息技术以及人工智能等前沿颠覆性技术的研发方面，一直处于领跑地位。科学发现、技术突破与产学研一体化的实践应用紧密融合，构建起了从基础理论、核心技术到先进制造需求、市场导向机制的生态系统，创新链与产业链高度衔接，技术创新、人才集聚成为高端制造发展的动力之源，研发与制造紧密融合，政策立法、知识产权保护为企业发展、行业振兴提供了坚强后盾和持久动力，也保障了美国先进制造的长期优势地位。德国是机械制造的老牌强国，塑造了世界著名的质量品牌。其注重科研对于先进制造的源泉动力支撑，强调工艺质量在先进制造中的核心作用，面对先进制造的竞争，提出工业 4.0 的发展思路，以强大的工业制造实力和突出的职业教育支撑了先进制造的不断创新与迈进。日本以精密制造精益化、集约化为特征，创造了全球最具特色的先进制造发展之路，成为先进制造强国阵列中不可或缺的一极。其在精密仪器、关键材料、工业机器人等高端制造的产业链中占据了独特优势。

我国高端制造的整体水平和实力仍落后于美国、德国、日本等世界制造强国，在工业制造的厚重基础、科学探索的知识积累、科技创新的自主发展、产业发展的制造实践、人才培养的重要支撑等方面均存在一定的短板和不足。

从高端制造的基础看，我国的工业化相对于世界制造强国来说，发展历史较短，工业基础相对薄弱，在工业制造 2.0 层面仍存在一些不足，致使在迈向工业 3.0、4.0 的进程中出现迭代、并行的状况，在一些原材料、核心零部件、关键基础件上先天发展“营养不良”。同时，学科的基础研究、技术的基础积累、产业的基础沉淀等也缺乏一定的持久性和连续性，处于波折发展的变化状态，发展先进制造的定力不足，占据前沿发展先机的能力有限，亟待夯实高端制造的坚实基础。

从高端制造的体系看，设计、制造、测试、保障等主要制造环节发展不均衡，材料、制造装备、制造工艺、知识储备、工具支持、人才支撑主要要素不完善，创新链与产业链的衔接、协同有所欠缺、脱节。这导致我国高端制造受制于人，在生态体系构建上存在疏漏，未能真正把握发展高端制造的自主权，缺少参与全球先进制造领域顶级博弈的核心竞争力，亟待从体系构建上不断完善、弥补不足。

从高端制造的能力看，我国经过长期努力，突破了中低端发展的基本问题，在工程科技领域取得了一系列具有世界影响的重大突破，如高铁、水电、桥梁、家电、卫星、载人航天、深海钻探、深空探测等。2021 年，“华龙一号”“海牛II号”“深海一号”“海洋双星”启航，白鹤滩水电站投产，时速 600 公里高速磁浮下线，用一氧化碳合成蛋白质，“新冠”特效药取得重要进展，以上都为中国制造不断迈向高端、占据前沿，提供了自主创新的先锋示范。同时，国家积极加速集成电路、高性能计算、量子计算、碳基芯片、人工智能等新一代信息技术发展，加强原始创新能力建设，我国具备了向高端制造整体阶段迈进的能力和实力。

新一轮科技与产业革命为我国高端制造带来了挑战和机遇，国家科技战略力量的重组与创新，为我国突破高端制造的瓶颈制约提供了坚强支撑，提升国家治理体系和治理能力现代化已经进入战略部署的重要议程之中，突破先进制造瓶颈制约、进一步掌握高端制造的自主核心技术成为当务之急。

思考之二：电子装备制造、机械制造、航空航天、医疗设备四个领域的高端制造，是我国先进制造“卡脖子”问题比较聚集的典型领域，亟待实现国产替代、自主引领，摆脱依赖进口的被动局面，增强原始创新能力，实现从点到面突破、从面到体提升的整体跨越。

高端电子装备制造，是工业制造数字化、网络化、智能化发展的重要支撑，代表着工业制造 3.0、4.0 的前沿方向，是中国制造从中低端迈向高端的典型代表，也成为高端制造“卡脖子”问题首当其冲的焦点。我国在高端芯片、操作软件、知识型工业软件上“缺芯少魂”，其中 EUV 光刻机、光刻胶、EDA 设计软件等制造装备、材料及工具严重依赖进口，在复杂电子装备系统设计、电气互联等精密制造工艺、电子封装测试以及热设计、热管理等方面与国外一流水平存在较大差距，国产替代、自主引领成为高端电子装备制造必须突破的问题。在继续加强软硬件自主攻关的基础上，需要从系统设计、总体能力的突破上不断追赶世界先进水平。此外，应加强

“可信开源模式”、自主可控架构、3D 封装技术等的研发，抢占碳基芯片、人工智能芯片等发展先机，积极构建芯片制造的成套工艺能力。

机械制造是现代工业制造的基石，我国机械工业对于先进制造的整体推进具有举足轻重的作用，在数字化、网络化、智能化发展趋势下，机械制造亟须实现从粗犷型、高能耗、高污染的中低端层次向集约、精密、智能、绿色等高端层次的提升。我国在高档数控机床、高端传感器、机器人关键部件以及高性能轴承、齿轮、高质量的光机电液气密件等关键基础件方面存在不足，精密制造装备及工艺亟待提升，测试仪器设备需要打破依赖进口的掣肘，亟须加强复杂机电装备的结构设计、动力学设计、高动态复杂制造、表面结构制造、高效高质加工、微纳制造、重大装备智能化制造等方向的攻关，在增材制造、绿色制造、云制造、仿生制造等前沿方向加快布局，重点解决先进设计、制造装备、制造工艺、关键基础件、测试仪器设备等方面存在的明显不足，提升设计制造能力。

航空航天是高端制造的典型应用领域，代表了一个国家高端制造的综合国力水平。我国航空制造经过长期努力，在学习借鉴、引进吸收的基础上，逐步走出一条适合中国特色的发展之路，但当前在航空发动机、航电系统、材料等方面还存在一定差距，自主创新能力亟待加强。航天制造集举国之力，开辟了具有自主发展特征的高端制造创新之路，使我国成为世界航天强国，但我国也面临着发达国家竞争、博弈的更多新挑战。总体来看，我国航空航天领域的高端制造仍然存在核心技术和关键部件受制于人、基础配套能力发展滞后、制造装备主机“空壳化”、产品可靠性低的问题与不足，亟待提升智能设计制造、高性能复合材料、精密超精密加工、特种加工等技术工艺水平，以适应航空航天在特殊环境和条件下对产品、装备的性能与质量的更高要求。

高端医疗设备是我国高端制造的一大短板，但其关系到人民的生命健康和生活，具有巨大的市场规模和发展潜力，经济和社会效益也十分显著。我国高端医疗设备基本依赖进口，虽然在医疗影像设备自主研制上取得了一定进展，但与国外先进水平的差距仍然存在。医疗设备是科学仪器设备在医疗健康领域的广泛应用，其制造涉及多学科交叉基础、关键制造装备、精密制造工艺等，设备品种多、差别大、国产替代性低、技术门槛高、更新速度快，与国家整体的科学仪器制造实力紧密相关，是学科基础、制造实力、人才积淀等多要素影响下的结晶。其核心制造技术主要包括超声、电子显微、生物电磁、X 射线、磁共振、光学成像及核医学影像等技术，需要从科学原理、制造基础、技术工艺等方面进行全方位的投入和提升，与临床应用及检测、诊疗等紧密结合，形成需求、制造、服务、保障一体化的有机发展体系。

思考之三：制造是设计、加工、测试等主要环节衔接相扣的系统过程，受设计原理、制造技术、关键部件、研发生产、行业发展等多要素深刻影响，发展高端制造需要具备整体实力并形成关键核心能力。我国高端制造要跻身世界一流水平行列，需在学科基础、核心技术、工程实践、人才队伍等创新链、产业链的自主发展上实现高效协同、系统提升。

现代工业制造的发展，从单一的传统车间制造、工厂规模化自动流水线到设计与加工分离、零部件制造与装配协同、主机制造与配套保障协作，乃至计算机辅助设计制造、数字孪生技术、信息物理系统、人机协作、云制造、智能制造等，构成了一个动态发展的巨大的复杂系统，这也促进了先进制造全球协作格局的形成。全球化的创新链、产业链成为高端制造发展的必要前提和支撑，大科学时代的分工协作是推动高端制造发展的主要动因。同时，国与国之间的博弈、比拼，既有协作也有竞争，在一定程度上影响着高端制造的国际合作与交流。

现阶段，我国高端制造受到以美国为首的发达国家的排挤、打压，中美之间“修昔底德陷阱”式的竞争、摩擦、博弈，为全球高端制造发展制造了障碍，我国高端制造的“卡脖子”问题日益突出。从中美科技力量和制造实力的总体对比看，美国仍然占据着高端制造的优势地位。其科学基础雄厚、制造实力强大，在全球科技领域的原创性高被引论文、STEM(科学、技术、工程、数学)领域的博士授位数、科技研发强度、专利授权及科技成果转化率、国际标准等具体指标和人才、学科、国际话语权等方面，均显著优于我国，且形成了先进制造核心技术对我国的封锁，如电子信息领域的实体清单、航空航天领域的《沃尔夫修正案》和瓦森纳机制等，在电子装备制造、航空航天等高端制造的典型领域，对我国进行打压和限制。同时，在新一代信息技术、人工智能、量子科技等前沿方向上，美国等发达国家展开了新一轮的争夺战和激烈竞争，意图形成新的发展优势。这些均对我国高端制造的发展带来了严峻挑战。

我国工业制造经过长期积累，具备了一定的发展基础，在电子装备制造方面，集成电路正处于追赶期，通信设备制造趋于并跑并在 5G 发展上占据了一定先机，但前端射频芯片等核心器件仍受制于人，操作系统和工业软件有明显差距。机械制造形成了竞争基础，但关键基础件、高档数控机床等制造装备仍有欠缺。在航空航天领域，自主发展了高端航天装备，但在航空发动机、航电系统、航空材料及适航认证等方面存在差距。高端测试仪器、医疗设备等高度依赖进口，虽未完全被打压、限制，但仍面临着制约发展的严重危机。

因而，从我国高端制造的总体看，学科基础、核心技术、工程实践、人才队伍等创新链、产业链的自主发展，仍有一段较长的艰难过程。只有构建起全面的创新体系和系统链条，不断突破自主核心技术，实现科技成果创新的高效转化，才有可能真正把控住高端制造发展的未来机遇，增强先进制造的整体实力以参与国际竞争。

二、未来展望

通过相关调研和系统分析，笔者提出以下三方面的建议。

展望之一：做好顶层布局设计，对发展高端制造需要有打好“持久战”“消耗战”“实力战”的充足准备，以举国体制为主导，集成国家战略科技力量，攻克先进制造关键技术瓶颈，构建高端制造科学合理的生态体系，不断提升科研攻坚的现代化治理能力。

高端制造的发展非一时之功，没有长期的积累和关键核心技术的突破，是不可能实现并跑和领跑的，而知识、技术、产业、行业、人才、市场的集成作用，对高端制造产生着深刻的影响。我国高端制造的创新发展必须从系统角度出发，为攻克“卡脖子”难题做充分的准备，在顶层布局、内涵能力、生态体系构建上重点推进，推动国家治理能力现代化建设。

为此，有以下三点具体建议：

(1) 深化创新链布局。从着力破解“卡脖子”瓶颈问题出发，在原始创新、原初积累、从 0 到 1 的突破上系统布局，梳理重点行业、战略性新兴产业中的高端制造关键核心技术，如芯片制造、知识型工业软件、重大装备与仪器、高档数控机床、关键基础件、精密制造工艺、复杂系统设计、控制与测试等。大力推进“揭榜挂帅”“赛马”等机制的创建，借鉴我国在“大国重器”以及量子、探月工程、火星探测、全超导托卡马克核聚变(EAST)、稳态强磁场等前沿研究领域的原创经验和推进机制，实施“高端制造核心共性技术”攻关工程，解决高端制造能力不足的急迫问题，加快国产装备和产品替代进程，不断实现核心制造技术的自主发展与追赶突破。

(2) 强化产业链发展。适应数字化、网络化、智能化的发展趋势，加快传统产业转型升级，以高端制造为牵引，带动中低端制造向高质量、高水平演进，将创新链产出成果及时转化，应用到产业链发展中，切实推动现实生产力的不断提升，为打好高端制造发展的“持久战”“消耗战”“实力战”做足储备。在认真总结我国产学研用一体化发展历史经验的基础上，实施“高端制造产业强国战略”，解决材料、设计、制造、测试、保障等制造环节的共性问题，构建协同发展机制，融合国企、民企、中小型企业以及国有资本、社会资本等多要素，形成产业链良性发展的系统闭环，以产业强国推进制造强国。

(3) 突破人才链掣肘。发展高端制造，最关键的因素是人才。在当前举国体制加强科技工作、推进科学研究的基础上，应充分发挥国家战略科技力量的巨大作用和内在潜力，以国家实验室、国家科研机构、高水平研究型大学、科技领军企业为主体，大力推进基础研究、应用研究及国家急需、国际前沿的创新性研究，融合我国“世界一流大学和一流学科”建设实施意见，将领军拔尖人才的快速成长、梯队培养与高端制造的实际需求紧密衔接。应坚持“破五唯”的原则，深化人才的激励、锤炼、赋权、扶持机制。加强重点人才队伍建设，建设战略科学家梯队，支持一流科技领军人才和创新团队快速成长，培育青年科技人才后备力量，壮大高素质技术技能人才队伍，加强企业经营管理人才队伍建设；提高部属高校人才培养能力，强化学科建设，促进人才培养产教融合；推进集聚创新人才的特色载体建设，深化人才发展体制机制改革。制定出台给予具有突出贡献的科学家、拔尖创新人才的激励、奖励、支持政策，使领军拔尖人才具有更高的认同感、获得感、价值感。

展望之二：聚焦电子装备制造、精密机械制造、航空航天装备、高端医疗设备等领域，以核心技术的自主创新为突破，带动成果转化、产业发展、行业振兴、人才培养，抓核心、促整体，抓中间、促两端，努力实现我国高端制造从跟跑、并跑到领跑的持续发展。

应以电子装备制造、精密机械制造、航空航天装备、高端医疗设备为示范，着力突破高端制造自主核心技术，带动我国工业制造从中低端迈向高端，不断提升先进制造的高质量发展水平。

(1) 强化布局高端电子装备制造核心。瞄准工业制造 3.0、4.0 发展目标，进一步夯实我国面向未来的数字化、网络化、智能化制造基础。实施“高端电子装备制造”国家重大专项工程，集成优势力量破解高端芯片制造、工业软件开发应用、复杂电子装备设计与制造、高端传感器和机器人部件等核心制造难题，解决 CPU 等关键芯片的自主可控架构、3D 封装、EDA 及 IP 核等实际问题，布局碳基芯片、类脑芯片、人工智能芯片研发，新增国家“电子装备制造业创新设计中心”，将新一代信息技术研发与先进制造技术紧密融合，加快传统工业产业转型升级，构建软硬件一体化的高端电子装备制造产业生态系统。

(2) 深化巩固高端机械制造坚实基础。以强化机械制造基础、提高工业制造质量水平为目标，加强重大制造装备自主创新替代，加快关键零部件的自主制造，提高制造工艺和质量水平，弥补高端测试仪器设备的明显不足。以技术研发的自主创新为突破，带动整机研制、工程量产与企业制造、行业振兴的有序衔接，实现创新链、产业链高效协同。着力在复杂机电系统结构设计、复杂装备动力学设计与振动控制、高动态复杂装备制造等方向上提升，增强工业装备及产品的高质量设计制造能力。同时，补足高性能轴承、齿轮、密封件及工业传感器、光机电基础件等关键基础件制造短板，提高精密超精密制造、高性能制造的工艺水准，筑牢重大装备制造的工业根基，补齐测试控制不足；积极发展智能制造、增材制造、绿色制造、仿生制造、云制造等新型制造模态。

(3) 大力推动航空航天装备自主创新。聚焦航空航天尖端技术的发展需求，着力解决创新能力薄弱、核心技术和关键部件受制于人、基础配套能力发展滞后、产品可靠性低的关键问题，在高性能航空发动机、自主航电系统、航天火箭可回收先进制造技术、高超声速飞行器等主要瓶颈问题和前沿制造技术研发上，开展关键核心技术攻关，实施重点型号示范工程，重点突破核心制造技术。开展大型复杂构件精密成形、运载火箭贮箱精密焊装、航天惯性器件、伺服阀、星敏感器和航空发动机整体叶盘等技术研制，提高装备制造的可靠性，提升自主保障能力。

(4) 着力解决高端仪器设备国产替代。针对高端医疗设备严重依赖进口的突出问题，应积极推动自主仪器设备研制、临床应用与前沿基础研究，充分发挥企业、高校和研究机构的整体力量，扎实推进医疗器械领域的创新体系建设，不断提升高端医疗设备的设计研发、生产制造和产业发展水平。围绕超声、电镜、X 射线、磁共振成像、光学成像等核心制造技术，突破医学影像、体外诊断、先进治疗、生物医用材料、健康器械等设备的国产制造瓶颈，加快高附加值耗材、高端影像设备、体外诊断、生命科学检测仪等自主研制生产，紧抓疫情防控、应急医疗、生命健康等重大事件和战略发展契机，推进高端医疗设备国产替代的逐步过渡，使国产医疗设备从跟跑向并跑提升。

展望之三：着力加强我国高端制造在实体经济发展上的引领作用，与数字经济、互联网经济、乡村振兴、医疗健康等国家重大战略计划深度融合，夯实先进制造发展的工业基础与社会基础，“固本强基，虚实相济”，推动国家制造整体质量与实力的不断提升。

应以发展高端制造为引领，重点确立先进制造在国家经济社会长远发展中的主体地位，与数字经济战略、互联网经济市场、乡村振兴、医疗健康等涉及国计民生的主要战略计划深度融合，突出高端制造对促进实体经济发展的重要支撑作用，避免经济发展“脱实向虚”的偏颇。使工业制造与经济社会的发展高效协同，以先进制造推动实体经济的振兴繁荣，以实体经济促进先进制造的自主发展，从而形成相互支撑、相互促进的良性循环。

展望之四：在全社会深入普及“重视工业本体，回归先进制造”的工业理念，加强高端制造的区域布局与协同配套，调动统筹制造资源、工程教育、工业文化等多方面的因素，积极营造我国高端制造发展的软实力。

应结合国家工程科技前沿发展需求、“世界一流大学和一流学科”建设重大举措，以构建新时代中国特色社会主义工业文化和先进制造精神的价值体系为核心，增强“四个自信”，加强立德树人、敢于创新、回归制造、迈向高端等教育的普及、宣传工作，着力培养工程科技领域的领军拔尖人才、卓越工程师、大国工匠、高技术工人等一大批人才队伍，加大工业文化软实力建设，推动我国高端制造不断取得新的发展和进步。

参 考 文 献

[1] 孙会峰，朱恒源，等. 跃迁：中国制造未来十年[M]. 北京：清华大学出版社，2018.

[2] 赵昌文，等. 迈向制造业高质量发展之路[M]. 北京：中国发展出版社，2020.

[3] 肖兴志，等. 中国制造迈向全球价值链中高端研究：路径与方略[M]. 北京：商务印书馆，2021.

[4] 黄满盈，邓晓虹. 中国高端装备制造业转型升级的路径及实现机制研究[M]. 北京：对外经济贸易大学出版社，2021.

[5] 李廉水，刘军，程中华，等. 中国制造业发展研究报告 2020[M]. 北京：科学出版社，2020.

[6] 中国工程科技发展战略研究院. 中国战略性新兴产业发展报告 2021[M]. 北京：科学出版社，2020.

[7] 国家制造强国建设战略咨询委员会，中国工程院战略咨询中心. 中国制造业重点领域技术创新绿皮书：技术路线图(2019)[M]. 北京：电子工业出版社，2020.

[8] 中国经济时报制造业调查组. 中国制造业大调查：迈向中高端[M]. 北京：中信出版社，2016.

[9] 比吉特・沃格尔-霍伊泽尔，托马斯・保尔汉森，迈克尔・腾・洪佩尔. 德国工业 4.0 大全：第 4 卷：技术应用[M]. 2 版. 北京：机械工业出版社，2019.

[10] 制造强国战略研究项目组.制造强国战略研究：综合卷[M]. 北京：电子工业出版社，2015.

[11] 中国工程院战略咨询中心，机械科学研究总院集团有限公司，国家工业信息安全发展研究中心，等. 2020 中国制造强国发展指数报告[R]. 北京：2020.

[12] 赛迪智库. 世界级先进制造业集群白皮书[R]. (2020-09-14). https://www.ccidgroup.com/info/1096/21329.htm.

[13] 工业和信息化部运行监测协调局. 2019 年中国电子信息制造业综合发展指数报告[N]. 中国电子报，2020-01-21(003).

[14] 梁娜，王薇，等. 电子产品制造工艺[M]. 北京：电子工业出版社，2019.

[15] 刘九如，尹茗. 铸就防疫后盾 电子信息业迎十大机遇[N]. 中国工业报，2020-02-28(003).

[16] 傅翠晓. 国内外集成电路装备现状分析[J]. 新材料产业，2019(10)：13-16.

[17] 陈经. 突破芯片制造瓶颈需极大耐心[N]. 环球时报，2021-06-25(015).

[18] 张云涛，陈家宽，温浩宇. 中国集成电路制造供应链脆弱性研究[J]. 世界科技研究与发展，2021，43(03).

[19] 薄思怡，吴崇. 发达国家制造业振兴战略对中国高端制造业创新的影响及对策研究[J]. 对外经贸实务，2022(02)：30-33.

[20] 王威，王丹丹. 国外主要国家制造业智能化政策动向及启示[J]. 智能制造，2022(02)：44-49.

[21] 范玉明，党世博. 中美制造业创新中心比较分析及对策建议[J]. 中国市场，2021(15)：89-90.

[22] 李山. 德国需要改进创新政策[N]. 科技日报，2023-02-23(004).

[23] 周济，周艳红，王柏村，等. 面向新一代智能制造的人—信息—物理系统(HCPS)[J]. Engineering，2019，5(04)：71-97.

[24] 卢秉恒，等. 高端装备制造业发展重大行动计划研究[M]. 北京：科学出版社，2019.

[25] 陈柳，张月友. 后疫情时代中国产业链现代化与制造业高质量发展：长江产经院研究报告选编(2021)[M]. 北京：中国财政经济出版社，2021.

[26] 孟光，郭立杰，林忠钦，等. 航天航空智能制造技术与装备发展战略研究[M]. 上海：上海科学技术出版社，2017.

[27] 《航空制造工程手册》总编委会. 航空制造工程手册：发动机机械加工[M]. 2 版. 北京：航空工业出版社，2016.

[28] 《航空制造工程手册》总编委会. 航空制造工程手册：数字化制造[M]. 2 版. 北京：航空工业出版社，2016.

[29] “中国工程科技 2035 发展战略”项目组. 中国工程科技 2035 发展战略：航天与海洋领域报告[M]. 北京：科学出版社，2020.

[30] 孟光，郭立杰，程辉. 航天智能制造技术与装备[M]. 武汉：华中科技大学出版社，2020.

[31] 郑海荣，邱维宝，王丛知，等. 超声成像与治疗技术进展与趋势[J]. 中国科学：生命科学，2020，50(11)：1256-1267.

[32] 陶长路，张兴，韩华，等. 前沿生物医学电子显微技术的发展态势与战略分析[J]. 中国科学：生命科学，2020，50(11)：1176-1191.

[33] 张杨松，卓彦，尧德中. 脑电磁成像进展及展望[J]. 中国科学：生命科学，2020，50(11)：1268-1284.

[34] 骆清铭，周欣，叶朝辉. 生物医学影像学科发展现状和展望[J].中国科学：生命科学，2020，50(11)：1158-1175.

[35] 高家红，雷皓，陈群，等. 磁共振成像发展综述[J]. 中国科学：生命科学，2020，50(11)：1285-1295.

[36] 赵愉，王得旭，顾力栩. 人工智能技术在计算机辅助诊断领域的发展新趋势[J]. 中国科学：生命科学，2020，50(11)：1321-1334.

[37] 付玲，骆清铭. 生物医学光学成像的进展与展望[J]. 中国科学：生命科学，2020，50(11)：1222-1236.